Fouad Soliman
Hoda Ashry

Evolução da radiação síncrotron e sua importância

Fouad Soliman
Hoda Ashry

Evolução da radiação síncrotron e sua importância

ScienciaScripts

Imprint
Any brand names and product names mentioned in this book are subject to trademark, brand or patent protection and are trademarks or registered trademarks of their respective holders. The use of brand names, product names, common names, trade names, product descriptions etc. even without a particular marking in this work is in no way to be construed to mean that such names may be regarded as unrestricted in respect of trademark and brand protection legislation and could thus be used by anyone.

Cover image: www.ingimage.com

This book is a translation from the original published under ISBN 978-620-2-01385-7.

Publisher:
Sciencia Scripts
is a trademark of
Dodo Books Indian Ocean Ltd. and OmniScriptum S.R.L publishing group

120 High Road, East Finchley, London, N2 9ED, United Kingdom
Str. Armeneasca 28/1, office 1, Chisinau MD-2012, Republic of Moldova, Europe
Printed at: see last page
ISBN: 978-620-7-68058-0

Índice

Sobre os autores 2
Agradecimentos 5
Resumo 6
Palavras-chave 7
Capítulo (1) 9
Capítulo (2) 13
Capítulo (3) 20
Capítulo (4) 49
Capítulo (5) 57
Capítulo (6) 72
Capítulo (7) 85

Sobre os autores

Dr. Eng. Fouad A. S. Soliman

Prof. de Engenharia Eletrónica e Informática,
Autoridade para os Materiais Nucleares

Membro do Conselho Editorial de:

- Progress in Photovoltaics "Research and Applications", John Wiley and Sons, Reino Unido, desde 1993,
- Periódicos da Associação para o Avanço das Técnicas de Modelação e Simulação, AMSE, Lune, França,
- Jornal Internacional de Ciência da Computação e Aplicações de Engenharia (IJCSEA),

Membro de:

- Associação Americana para o Avanço das Ciências, N.Y., E.U.A,
- Academia de Ciências de Nova Iorque, Nova Iorque, E.U.A,

Escolhido por:

- Who's Who in the World, A.N. Marquis, N.J., U.S.A.
- Outstanding People of the **20th** Century, International Biographical Center of Cambridge, Inglaterra.

Publicações e supervisão de M.Sc. e Ph.D.

Artigos e teses supervisionadas:

- Cerca de 170

Livros publicados:

"A Novel Look on the World of Nanotechnology forToday and Future" **Lambert Academic Publishing, LAP, Saarbrücken, Alemanha.**

ISBN 978-3-659-83496-7.

"Energy and the Future of Civilizations", **Lambert Academic Publishing, LAP, Saarbrücken, Alemanha.**

ISBN 978-3-659-88129-9.

"Characterization, Simulation, Applications, Deployment and Economics of Solar Energy", **Lambert Academic Publishing, LAP, Saarbrücken, Alemanha,**

ISBN 978-3-659-89387-2

"Role of the Nuclear Technology on Human Daily Life", **Livro publicado, Lambert Academic Publishing, OmniScriptum GmbH and Co. KG.**

ISBN 978-3-659-90461-5.

"Impacto do ambiente do espaço exterior nos dispositivos e sistemas electrónicos", **livro publicado, Lambert Academic Publishing, OmniScriptum GmbH and Co. KG, julho de 2016. Número: 142421.**

ISBN: 978-3-659-93044-7.

"Tecnologia Nuclear: Future Generation, Protection and Monitoring", **livro publicado, Lambert Academic Publishing, OmniScriptum GmbH and Co. KG, agosto de 2016.**

ISBN: 978-3-659-93921-1.

"Agricultura em áreas remotas com base na energia solar" **Livro publicado, Lambert Academic Publishing, Omni-Scriptum GmbH and Co. KG, setembro, 2016.**

ISBN: 978-3-659-95267-8.

"Sistema Híbrido de Energia Renovável Solar-Eólica para Agricultura Sustentável", **Livro Publicado, Lambert Academic Publishing, Omni-Scriptum GmbH and Co. KG, outubro, 2016. ISBN: 978-3-659-**

96384-1.

"Linhas de transmissão de alta tensão: Importância, Manutenção e Riscos", **Livro Publicado, Lambert Academic Publishing, Omni- Scriptum GmbH and Co. KG, novembro, 2016, Número: 147937**

ISBN: 978-3-330-00309-5.

"Técnicas analíticas nucleares e ciências modernas" **Livro publicado, Lambert**

Publicação académica, Omni- Scriptum GmbH and Co. KG, dezembro, 2016.

ISBN: 978-3-330-01772-6.

Livro publicado "All About Nuclear Materials", **Lambert Academic Publishing, Omni-**

Scriptum GmbH and Co. KG, 2017.

ISBN: 978-3-330-03643-7.

"Energia: História, Definições, Formas, Transformação e Aplicações", **Publicado**

Livro, Lambert Academic Publishing, Omni- Scriptum GmbH and Co. KG, janeiro de 2017. ISBN: 978-3-330-02939-2.

"Focus on the Treasures of the Earth", **livro publicado, Lambert Academic Publishing, Omni-Scriptum GmbH and Co. KG, abril de 2017.**

ISBN: 978-3-659-85407-1.

"Tecnologia de energia marinha e o futuro da energia", **Livro publicado, Lambert Academic**

Publishing, Omni-Scriptum, GmbH and Co. KG, junho de 2017.

ISBN: 978-3-330-32467-1.

"Pilhas atómicas: a energia fácil para o futuro" **Livro publicado, Lambert Academic**

Publishing, Omni- Scriptum GmbH and Co. KG, julho de 2017.

ISBN: 978-3-330-35308-4.

Dr. Hoda A. Ashry

Prof. de Física das Radiações,
Centro Nacional de Investigação e Tecnologia das Radiações,
Autoridade da Energia Atómica

Presidente de:

- **Presidente da Divisão de Investigação das Radiações**
- **Comité Científico Permanente da Física e da Matemática (para os cargos: Professor - Professor Auxiliar) - Autoridade da Energia Atómica.**
- **Presidente do Laboratório de Biofísica - Departamento de Física - Centro Nacional de Investigação e Tecnologia das Radiações.**

Atividade científica:

- **Publicou cerca de 85 artigos no domínio de interesse.**
- **Supervisão de mais de 40 teses em cooperação com universidades egípcias e supervisão conjunta de universidades estrangeiras (Mestrado - Doutoramento).**

Membro:

- **A Rede Nacional de Física das Radiações.**

Livros publicados :

" O papel da tecnologia nuclear no quotidiano humano", **Livro publicado, Lambert**

Publicação académica, OmniScriptum GmbH and Co. KG, maio de 2016.

ISBN 978-3-659-90461-5.

"Tecnologia Nuclear: Geração Futura, Proteção e Monitorização", **Livro Publicado, Lambert Academic Publishing, OmniScriptum GmbH and Co. KG, agosto de 2016.**

ISBN: 978-3-659-93921-1.

"Técnicas analíticas nucleares e ciências modernas" **Livro publicado, Lambert Publicação académica, Omni- Scriptum GmbH and Co. KG, dezembro, 2016.**

ISBN: 978-3-330-01772-6.

"Focus on the Treasures of the Earth", **livro publicado, Lambert Academic Publishing, Omni-Scriptum GmbH e Co. KG, Fev. 2017.**

ISBN: 978-3-659-85407-1.

"Pilhas atómicas: a energia fácil para o futuro" **Livro publicado, Lambert Publicação académica, Omni- Scriptum GmbH and Co. KG, julho de 2017.**

ISBN: 978-3-330-35308-4.

Agradecimentos

Ajoelhamo-nos em sinal de obsequiosidade perante ***ALÁ, agradecendo-Lhe*** por me ter mostrado o caminho certo. Sem a ajuda de ***Deus***, os meus esforços ter-se-iam perdido. Foi com a graça de ***Deus*** que conseguimos alcançar este grande feito. Obrigado também por uma pessoa de quem gostamos muito, o ***Profeta Maomé {que Deus o louve e lhe dê paz}***.

Gostaríamos de expressar os nossos mais profundos agradecimentos a:

- Centro Nacional de Investigação e Tecnologia das Radiações, Cairo, Egipto.

- Membros do pessoal do Departamento de Física das Radiações.

- Autoridade para os Materiais Nucleares

- **Membros do pessoal do sector da exploração,**
- **Membros do pessoal do Projeto Airborne,**
- **Dr. Eng. *Ashraf Mosleh Abdel-Maksood***
- **Colégio Feminino de Artes, Ciências e Educação,**
- **Universidade Ain Shams, Cairo, Egipto.**
- ***Prof. Dr. Sanaa A.Kamh, Prof. de Eletrónica,***
- ***Dr. Safaa M. El-Ghanam, Ass. Prof., Eletrónica,***
- ***Dr. Wafaa Abd El-Basit Abd El-Rahman, Professor de Eletrónica,***
- ***Dra. Amira Abdel-Maguid, Professora de Eletrónica,***
- ***Dr. Manal Ismail, Professor de Eletrónica, Departamento de Física,***
- ***Membros do pessoal do Laboratório de Investigação em Eletrónica.***

Resumo

A radiação sincrotrónica é a radiação electromagnética emitida quando as partículas carregadas são aceleradas radialmente, isto é, quando são sujeitas a uma aceleração perpendicular à sua velocidade (alv). É produzida, por exemplo, em sincrotrões que utilizam ímanes de flexão, onduladores e/ou wigglers. Se a partícula for não relativista, a emissão é designada por emissão de ciclotrão. Se, pelo contrário, as partículas forem relativistas, por vezes designadas por ultra-relativistas, a emissão é designada por emissão sincrotrónica. A radiação sincrotrónica pode ser obtida artificialmente em sincrotrões ou anéis de armazenamento, ou naturalmente por electrões rápidos que se deslocam através de campos magnéticos. A radiação produzida desta forma tem uma polarização caraterística e as frequências geradas podem variar ao longo de todo o espetro eletromagnético, o que também é designado por radiação contínua. A radiação de sincrotrão recebeu este nome após a sua descoberta em Schenectady, Nova Iorque, num acelerador de sincrotrão da General Electric construído em 1946 e anunciado em maio de 1947 por Frank Elder, Anatole Gurewitsch, Robert Langmuir e Herb Pollock numa carta intitulada "Radiação de electrões num sincrotrão".

Um sincrotrão é um tipo particular de acelerador de partículas cíclico, descendente do ciclotrão, no qual o feixe de partículas em aceleração percorre uma trajetória fixa em circuito fechado. O campo magnético que curva o feixe de partículas na sua trajetória fechada aumenta com o tempo durante o processo de aceleração, estando sincronizado com o aumento da energia cinética das partículas (ver imagem). O sincrotrão é um dos primeiros conceitos de acelerador a permitir a construção de instalações em grande escala, uma vez que a curvatura, a focagem do feixe e a aceleração podem ser separadas em componentes diferentes. Os mais potentes aceleradores de partículas modernos utilizam versões do conceito de sincrotrão. O maior acelerador do tipo sincrotrão é o Grande Colisor de Hádrons (LHC), com 27 quilómetros de circunferência, perto de Genebra, na Suíça, construído em 2008 pela Organização Europeia para a Investigação Nuclear (CERN). O princípio do sincrotrão foi inventado por Vladimir Veksler em 1944. Edwin McMillan construiu o primeiro sincrotrão de electrões em 1945, tendo chegado à ideia de forma independente, por não ter visto a publicação de Veksler. O primeiro sincrotrão de protões foi concebido por Sir Marcus Oliphant e construído em 1952.

Por último, as principais aplicações da luz sincrotrónica são a física da matéria condensada, a ciência dos materiais, a biologia e a medicina. Uma grande parte das experiências que utilizam a luz de sincrotrão envolve a sondagem da estrutura da matéria, desde o nível sub-nanométrico da estrutura eletrónica até ao nível micrométrico e milimétrico importante na imagiologia médica. Um exemplo de uma aplicação industrial prática é o fabrico de microestruturas pelo processo LIGA.

Palavras-chave

Radiação síncrotron, radiação electromagnética, emitida, partículas carregadas, aceleradas radialmente, aceleração, perpendicular, velocidade, ímãs de flexão, onduladores, wigglers, partícula, não-relativística, emissão, emissão de cíclotron, partículas, relativística, ultra relativística, emissão síncrotron, anéis de armazenamento, naturalmente, electrões rápidos, campos magnéticos, polarização caraterística, frequências, espetro eletromagnético, radiação contínua, Schenectady, Nova Iorque, General Electric, Frank Elder, Anatole Gurewitsch, Robert Langmuir, Herb Pollock electrões num sincrotrão, máquina, transformador de impulsos, faíscas intermitentes, espelho, parede de betão protetora, sinalização, tubo. vácuo, excelente, Langmuir, observada, radiação Cherenkov, Ivanenko, radiação Pomeranchuk, largo espetro, micro-ondas, raios X duros, utilizadores, selecionar, comprimento de onda, experiência, alto fluxo, alta intensidade, feixe de fotões, permite, rápido, cristais com fraca dispersão, alto brilho, feixe de fotões altamente colimado, pequena divergência, fonte de tamanho pequeno, coerência espacial, alta estabilidade, estabilidade de fonte submicrónica, polarização, tanto linear como circular, estrutura temporal pulsada, comprimento pulsado, dezenas de picossegundos, processo de resolução, escala de tempo, partículas de alta energia, caminho curvo, campo magnético, antena de rádio, diferença, frequência observada, efeito doppler, fator de Lorentz, salta a frequência, cavidade ressonante, potência radiada, força Abraham-Lorentz-Dirac, padrão de radiação, padrão de dipolo isotrópico, cone apontando para a frente, fonte artificial de raios X, geometria de aceleração plana, radiação linearmente polarizada, plano orbital, circularmente polarizada, pequeno ângulo, amplitude, focada, eclítica polar, incómodo, perda de energia, física de partículas, feixes de protões do LHC, campo de vácuo, fotoelectrões em propagação, propagação de electrões secundários, paredes de tubos, fenómeno, objectos astronómicos, espiral de electrões relativistas, espectros de lei de potência não térmicos, polarização, erupções solares, acelerar, radiação astrofísica de sincrotrão, buracos negros super maciços, ejeção de jactos, iões gravitacionalmente acelerados, áreas polares tubulares super contorcidas, telescópio Hubble, aparentemente superluminal, estrutura planetária, fenómeno, velocidade da luz, emissão de luz, ilusão de maior velocidade, violação, relatividade especial, fontes astronómicas, nebulosas de vento pulsar, arquétipo, emissão pulsada de radiação gama, electrões aprisionados, campo magnético forte, pulsar, anel de armazenamento, científico, técnico, feixe de electrões de alta energia, componentes auxiliares, ímanes de flexão, dispositivos de inserção, lasers de electrões livres, física da matéria condensada, ciência dos materiais, biologia, medicina, sondagem da estrutura da matéria, sub-nanómetro, estrutura eletrónica, micrómetro, nível milimétrico, imagiologia médica, prática industrial, microestruturas, divergência angular, espalhamento do feixe, área da secção transversal, literatura de raios X, brilho, luminância fotométrica, radiância radiométrica média, concentração, perda de energia, deliberadamente, giga-eletrão-volt, antena de rádio, cavidade ressonante, padrão de dipolo isotrópico, vantagens, espetroscopia, difração, comunidade científica em crescimento, modo parasita, radiação magnética de curvatura, perfuração de orifícios adicionais, tubos de feixe, anel de armazenamento comissionado, fontes de quarta geração, carga espacial, auto-polarização radiativa, linhas de feixe, monocromadores, espelhos, formas toroidais, gás, líquido, ambientes de alta pressão, materiais cristalinos, amorfos, pós, cristais simples, películas finas, alta resolução, intensidade, fases diluídas, tensões residuais, alta pressão, células de bigorna de diamante, simulação de ambientes geológicos extremos, formas exóticas de matéria, proteínas, macromoléculas, rotina, ribossoma, nanopartículas, superfície cristalina, pequeno ângulo, fenómenos de difração dinâmica, transformação de Fourier do regime EXAFS, átomo absorvente, útil, estudo de líquidos, materiais amorfos, espécies esparsas, impurezas, XMCD, raios X polarizados circularmente, propriedades magnéticas do elemento, espetroscopia de fotoelectrões de raios X (XPS), analisador de fotoelectrões, XPS tradicional, sondagem, alta intensidade, pressões próximas do ambiente, fenómenos químicos, catalítica simulada, condições líquidas, fotões de alta energia, rendimentos, fotoelectrões de energia cinética, caminho livre médio inelástico mais longo, profundidade de sondagem de XPS de sincrotrão, interfaces enterradas, composição do material, analisada quantitativamente por fluorescência de raios X (XRF), espetroscopia Mossbauer, imagiologia tradicional de raios X, imagem de raios X com contraste de fase, e tomografia, fontes de nanossondas, microscopia de raios X de transmissão por varrimento (STXM), fluorescência de raios X, espetroscopia de absorção de raios X, estado de oxidação, resolução submicrónica, radiação coerente de raios X, esforços, fontes económicas, razões de conveniência, dispersão de compton de fotões laser do quase-visível, fonte de luz compacta (CLS), emissão de anel de armazenamento normal, máquina comercial internacional (IBM), monitores de secretária, ecrã, arsénio, países pobres, lixiviação, rochas, água potável, cientistas alimentares, polimorfos, arrefecimento, aquecimento, chocolate, película de polímero, transparente, embalagem de batata frita, fraldas descartáveis para bebés, impressões digitais, cabelo de Beethoven, doença crónica misteriosa, tempo de vida, medicamento anti-influenza, metabolismo da glicose, comissionado, paciente diabético, antraz, guerra biológica e terrorismo, bactéria, proteína de fator letal crucial, fibra feita, indústria mineira, otimizar a produção, diamantes de sangue, peças minúsculas de máquinas, nano-maquinação, materiais inorgânicos transparentes, processo-chave, medicina, biotecnologia, microanalisadores químicos, micro-reactores, elementos ópticos funcionais, litografia, litografia por feixe de electrões, gravura por implante iónico, gravura por feixe de iões focalizado, maquinação ótica direta. luz laser, radiação sincrotrão, nanomaquinação, maquinação ótica direta, peça de trabalho, lasers de femto-segundo, irradiação por luz UV de vácuo (VUV-UV), irradiação preliminar, luz de comprimento de onda curto, peça de trabalho, irradiação laser, retro-estiramento induzido por laser, gravura húmida, solução orgânica, absorção, solução orgânica, peça de trabalho, transparente, multifotão, irradiação repetitiva, camada de incubação, geração de defeitos, coerência espacial, impulso laser, divisão do feixe, propriedades específicas do material, defeitos de rede, materiais maquináveis, deposição de vapor, taxa de corrosão, temperatura ambiente, condutividade da atmosfera, plasma laser, microusinagem, linhas de feixe, luz branca, linhas de feixe, janela de berílio, perfuração laser, produção de microfuros, dispositivos médicos, corte de precisão por laser, aço inoxidável, aço endurecido, cobre, alumínio, latão, tungsténio, titânio, alumina, zircónia, cerâmica maquinável, cerâmica verde, PZT, nitreto de silício, carboneto de tungsténio, materiais superduros: diamante, nitreto de silício, carboneto de tungsténio, plásticos, poliimida, PTFE, PMMA, vidros ABS, materiais cristalinos: BK7, safira, sílica fundida, micro-fresagem, posição, micro-gravação laser, micro-marcação, subconjunto de micro-fresagem laser, micro-caracteres, tamanhos ixel, cerâmicas, silício, safira, metais, vidro, produção de células foto-voltaicas, concentradores solares, micro-sistemas fotónicos, sistemas micro-electro-mecânicos (MEMS), micro-ótica, imagiologia, ecrãs, diagnóstico biomédico, bio-imagem, comunicações ópticas, fontes de raios X da futura geração, futuras fontes compactas de raios X, conceito de acelerador numa pastilha, silício monocristalino, monocromatização, reflexão, focalização e dispersão.

Chapter (1)

Radiação sincrotrónica

1.1. Introdução

A radiação sincrotrónica é a radiação electromagnética emitida quando as partículas carregadas são aceleradas radialmente, isto é, quando são sujeitas a uma aceleração perpendicular à sua velocidade (alv). É produzida, por exemplo, em sincrotrões que utilizam ímanes de flexão, onduladores e/ou wigglers. Se a partícula for não relativista, a emissão é designada por emissão de ciclotrão. Se, pelo contrário, as partículas forem relativistas, por vezes designadas por ultra-relativistas, a emissão é designada por emissão sincrotrónica [1]. A radiação sincrotrónica pode ser obtida artificialmente em sincrotrões ou anéis de armazenamento, ou naturalmente por electrões rápidos que se deslocam através de campos magnéticos. A radiação produzida desta forma tem uma polarização caraterística e as frequências geradas podem variar ao longo de todo o espetro eletromagnético, o que também se designa por radiação contínua.

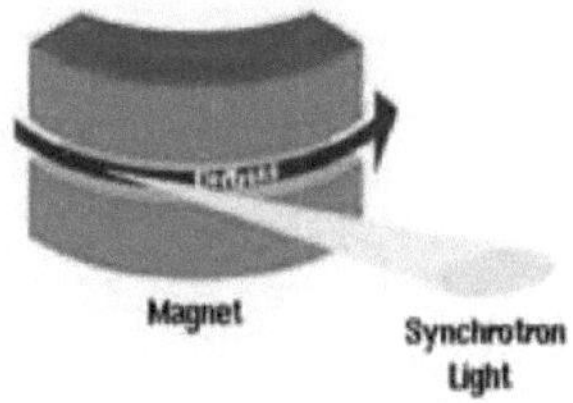

Radiação sincrotrónica de um íman de flexão.

Radiação sincrotrónica de um ondulador.

1.2. História

A radiação sincrotrónica recebeu o seu nome após a sua descoberta em Schenectady, Nova Iorque, num acelerador sincrotrónico da General Electric construído em 1946 e anunciado em maio de 1947 por Frank Elder, Anatole Gurewitsch, Robert Langmuir e Herb Pollock numa carta intitulada "Radiation from Electrons in a Synchrotron" [2].

No dia 24 de abril, Langmuir e eu estávamos a operar a máquina e, como de costume, estávamos a tentar levar ao limite o canhão de electrões e o respetivo transformador de impulsos. Ocorreram algumas faíscas intermitentes e pedimos ao técnico para observar com um espelho à volta da parede de betão de proteção. Ele fez imediatamente sinal para desligar o sincrotrão porque "viu um arco no tubo". O vácuo ainda era excelente, por isso Langmuir e eu fomos até à extremidade da parede e observámos. No início pensámos que poderia ser devido à radiação Cherenkov, mas rapidamente se tornou claro que estávamos a ver radiação Ivanenko e Pomeranchuk [3].

1.3. Propriedades da radiação sincrotrónica

- Espectro alargado (que abrange desde as micro-ondas até aos raios X duros): os utilizadores podem selecionar o comprimento de onda necessário para a sua experiência;

- Alto fluxo: o feixe de fotões de alta intensidade permite experiências rápidas ou a utilização de cristais com fraca dispersão;

- Alto brilho: feixe de fotões altamente colimado gerado por uma fonte de pequena divergência e tamanho reduzido (coerência espacial);
- Alta estabilidade: estabilidade da fonte submicrónica;
- Polarização: linear e circular;
- Estrutura temporal pulsada: o comprimento pulsado até dezenas de picossegundos permite a resolução de processos na mesma escala de tempo.

1.4. Mecanismo de emissão

Quando partículas de alta energia estão em aceleração, incluindo electrões forçados a viajar numa trajetória curva por um campo magnético, é produzida radiação sincrotrão. Isto é semelhante a uma antena de rádio, mas com a diferença de que, em teoria, a velocidade relativista irá alterar a frequência observada devido ao efeito Doppler pelo fator de Lorentz, γ. A contração relativista do comprimento faz então subir a frequência observada no laboratório por outro fator γ, multiplicando assim a frequência GHz da cavidade ressonante que acelera os electrões para a gama dos raios X. A potência radiada é dada pela fórmula relativista de Larmor, enquanto a força sobre o eletrão emissor é dada pela força de Abraham-Lorentz-Dirac. O padrão de radiação pode ser distorcido, passando de um padrão dipolar isotrópico para um cone de radiação extremamente orientado para a frente. A radiação sincrotrónica é a fonte artificial mais brilhante de raios X. A geometria de aceleração plana parece tornar a radiação linearmente polarizada quando observada no plano orbital e circularmente polarizada quando observada num pequeno ângulo em relação a esse plano. A amplitude e a frequência são, no entanto, focadas na eclítica polar.

1.5. Radiação sincrotrónica de aceleradores

A radiação sincrotrónica pode ocorrer em aceleradores quer como um incómodo, causando perdas de energia indesejadas em contextos de física de partículas, quer como uma fonte de radiação produzida deliberadamente para numerosas aplicações laboratoriais. Os electrões são acelerados a altas velocidades em várias fases para atingir uma energia final que se situa normalmente na gama dos GeV. No LHC, os feixes de protões também produzem radiação com amplitude e frequência crescentes à medida que aceleram em relação ao campo de vácuo, propagando fotoelectrões que, por sua vez, propagam electrões secundários a partir das paredes do tubo com frequência e densidade crescentes até 7×10^{1} 0. Cada protão pode perder 6,7 keV por volta devido a este fenómeno [4].

1.6. Radiação de sincrotrão em Astronomia

A radiação sincrotrão é também gerada por objectos astronómicos, normalmente quando os electrões relativistas espiralam (e, portanto, mudam de velocidade) através de campos magnéticos. Duas das suas características incluem espectros de lei de potência não térmicos e polarização [5].

O jato energético de Messier 87, imagem HST. A luz azul do jato que emerge do núcleo brilhante do AGN, no canto inferior direito, é devida à radiação sincrotrão.

1.7. História da deteção

Foi detectado pela primeira vez num jato emitido pelo Messier 87 em 1956 por Geoffrey R. Burbidge [6], que o viu como a confirmação de uma previsão de Iosif S. Shklovsky em 1953, mas tinha sido previsto anteriormente por Hannes Alfvén e Nicolai Herlofson [7] em 1950. As erupções solares aceleram as partículas que emitem desta forma, como sugerido por R. Giovanelli em 1948 e descrito criticamente por J.H. Piddington em 1952 [8]. T. K. Breus observou que as questões de prioridade na história da radiação astrofísica de sincrotrão são complicadas, escrevendo: Em particular, o físico russo V. L. Ginzburg rompeu as suas relações com I. S. Shklovsky e não falou com ele durante 18 anos. No Ocidente, Thomas Gold e Sir Fred Hoyle estavam em conflito com H. Alfven e N. Herlofson, enquanto K.O. Kiepenheuer e G. Hutchinson eram ignorados por eles [9].

Tem sido sugerido que os buracos negros super maciços produzem radiação sincrotrão, através da ejeção de jactos produzidos por iões acelerados gravitacionalmente através das áreas polares "tubulares" super contorcidas dos campos magnéticos. Tais jactos, o mais próximo dos quais se encontra em Messier 87, foram confirmados pelo telescópio Hubble como aparentemente superluminais, viajando a 6×c (seis vezes a velocidade da luz) a partir da nossa estrutura planetária.

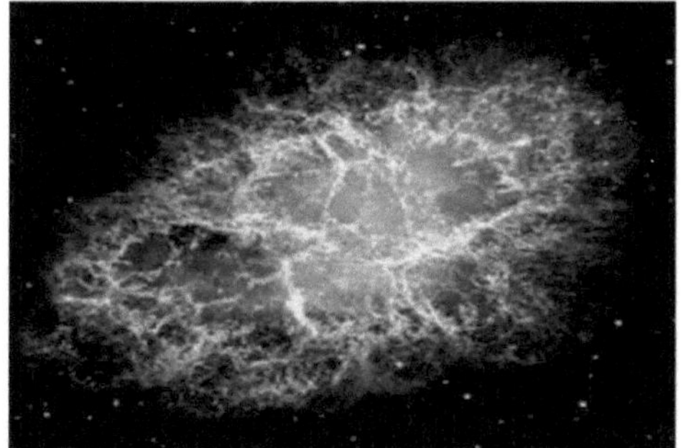

Nebulosa do Caranguejo. O brilho azulado da região central da nebulosa é devido à radiação sincrotrónica.

Este fenómeno é causado pelo facto de os jactos viajarem muito perto da velocidade da luz e num ângulo muito pequeno em relação ao observador. Como os jactos de alta velocidade emitem luz em todos os pontos da sua trajetória, a luz que emitem não se aproxima do observador muito mais rapidamente do que o próprio jato. Assim, a luz emitida ao longo de centenas de anos de viagem chega ao observador num período de tempo muito menor (dez ou vinte anos), dando a ilusão de uma viagem mais rápida do que a luz. Não há violação da relatividade especial [10].

1.8. Nebulosas de Vento Pulsar

Uma classe de fontes astronómicas em que a emissão de sincrotrão é importante é a das nebulosas de vento de pulsar, também conhecidas como Plerions, das quais a nebulosa do Caranguejo e o pulsar que lhe está associado são o arquétipo. A emissão pulsada de radiação de raios gama do Caranguejo foi recentemente observada até ≥25 GeV, [11] provavelmente devido à emissão de sincrotrão por electrões presos no forte campo magnético em torno do pulsar. A polarização no Caranguejo [12-14] a energias de 0,1 a 1,0 MeV ilustra uma radiação síncrotron típica.

1.9. Referências

[1] . Yale Astronomy http://www.astro.yale.edu/vdbosch/astro320_summary27.pdf

[2] . Elder, F. R., et al., "Radiation from Electrons in a Synchrotron" (1947) Physical Review,

Vol. 71, Número 11, pp. 829-830

[3] . Iwanenko D., Pomeranchuk I., "On the maximal energy attainable in betatron" Physical Review, Vol.65, p. 343, 1944.

[4] . Amortecimento da radiação síncrotron no LHC 2005 Joachim Tuckmantel.

[5] . Vladimir A. Bordovitsyn, "Synchrotron Radiation in Astrophysics" (1999), ISBN 981-023156-3.

[6] . Burbidge, G. R. "On Synchrotron Radiation from Messier 87. Astrophysical Journal, Vol. 124, p. 416"

[7] . Alfvén, H.; Herlofson, N. "Cosmic Radiation and Radio Stars" Physical Review (1950),

Vol. 78, Número 5, pp. 616-616

[8] . Paddington, J.H., " (1952) Proceedings of the Physical Society. Secção B, Vol. 66, No. 2.

[9] . Breus, T. K., "Istoriya prioritetov sinkhrotronnoj kontseptsii v astronomii %t (Problemas históricos das questões prioritárias do conceito de sincrotrão em astrofísica)" (2001) inIstoriko-Astronomicheskie Issledovaniya, Vyp. 26, p. 88 - 97, 262 (2001)

[10] . Chase, Scott I. "Velocidade Superluminal Aparente das Galáxias". Recuperado em 22 de agosto de 2012.

[11] . "Observation of Pulsed {gamma}-Rays Above 25 GeV from the Crab Pulsar with MAGIC", Science 21 de novembro de 2008: Vol. 322. no. 5905, pp. 1221-1224"

[12] . Dean et al., "Polarized Gamma-Ray Emission from the Crab", Science 29 de agosto de 2008: Vol. 321. No. 5893, pp. 1183-1185

[13] . Jackson, John David (1999). Eletrodinâmica Clássica (3ª ed.). Chichester: Wiley.

p. 680. ISBN 0-471-30932-X.

[14] . M.Kh. Khokonov. Processos em cascata de perda de energia por emissão de fotões duros // JETP, V.99, No.4, pp. 690-707 (2004).

Chapter (2)

Fontes de luz síncrotron

2.1. Definição

Uma fonte de luz sincrotrónica é uma fonte de radiação electromagnética (EM) normalmente produzida por um anel de armazenamento [1], para fins científicos e técnicos. Observada pela primeira vez nos sincrotrões, a luz sincrotrónica é agora produzida por anéis de armazenamento e outros aceleradores de partículas especializados, normalmente acelerando electrões. Uma vez gerado o feixe de electrões de alta energia, este é dirigido para componentes auxiliares, como ímanes de flexão e dispositivos de inserção (onduladores ou wigglers) em anéis de armazenamento e lasers de electrões livres. Estes fornecem os fortes campos magnéticos perpendiculares ao feixe, necessários para converter os electrões de alta energia em fotões.

Fontes de radiação sincrotrónica em todo o mundo.

As principais aplicações da luz sincrotrónica são a física da matéria condensada, a ciência dos materiais, a biologia e a medicina. Uma grande parte das experiências que utilizam a luz de sincrotrão envolve a sondagem da estrutura da matéria, desde o nível sub-nanométrico da estrutura eletrónica até ao nível micrométrico e milimétrico importante na imagiologia médica. Um exemplo de uma aplicação industrial prática é o fabrico de microestruturas pelo processo LIGA.

Radiação sincrotrónica reflectida por um cristal de térbio na Fonte de Radiação Sincrotrónica de

Daresbury, 1990.

2.2. Brilhantismo

Quando se comparam fontes de raios X, uma medida importante da qualidade da fonte chama-se brilho [2]. O brilho tem em conta:

- Número de fotões produzidos por segundo
- A divergência angular dos fotões, ou a rapidez com que o feixe se espalha
- A área da secção transversal do feixe
- Os fotões que caem dentro de uma largura de banda (BW) de 0,1% do comprimento de onda ou frequência central.

A fórmula resultante é:

Brilho = Fotões / {seg . mrad^2 . mm^2 .0.1%BW.

Quanto maior for o brilho, mais fotões de um determinado comprimento de onda e direção se concentram num ponto por unidade de tempo. Na maior parte da literatura sobre raios X, as unidades de brilho são as seguintes

fotões/s/mm /mrad^{22} /0.1%BW.

2.3. Brilho, intensidade e outra terminologia

Diferentes áreas da ciência têm frequentemente diferentes formas de definir os termos. Infelizmente, na área dos feixes de raios X, vários termos significam exatamente a mesma coisa que brilho. Alguns autores usam o termo brilho, que já foi usado para significar luminância fotométrica, ou foi usado (incorretamente) para significar radiância radiométrica. Intensidade significa densidade de potência por unidade de área, mas para fontes de raios X, geralmente significa brilho.

O significado correto pode ser determinado através da análise das unidades indicadas. O brilho tem a ver com a concentração de fotões, não com a potência. As unidades devem ter em conta os quatro factores enumerados na secção anterior.

2.4. Propriedades das fontes

Especialmente quando produzida artificialmente, a radiação de sincrotrão é notável pela sua:

- Brilho elevado, muitas ordens de grandeza superior ao dos raios X produzidos em tubos de raios X convencionais: as fontes de terceira geração têm tipicamente um brilho superior a 10^1 8 fotões/s/mm /mrad^{22} /0,1%BW, em que 0,1%BW representa uma largura de banda 10^{-3} w centrada em torno da frequência *w*.
- Elevado nível de polarização (linear, elíptica ou circular)
- Colimação elevada, ou seja, pequena divergência angular do feixe
- Baixa emitância, ou seja, o produto da secção transversal da fonte e do ângulo sólido de emissão é pequeno
- Ampla capacidade de sintonização em energia/comprimento de onda por monocromatização (subelectrão-volt até à gama de mega-eletrão-volt)
- Emissão de luz pulsada (duração dos impulsos igual ou inferior a um nanossegundo, ou seja, um bilionésimo de segundo).

2.5. Radiação sincrotrónica de aceleradores

A radiação sincrotrónica pode ocorrer em aceleradores quer como um incómodo, causando perdas de energia indesejadas em contextos de física de partículas, quer como uma fonte de radiação produzida deliberadamente para numerosas aplicações laboratoriais. Os electrões são acelerados a altas velocidades em várias fases para atingir uma energia final que se situa normalmente na gama dos giga-electrões-volt. Os electrões são forçados a percorrer um caminho fechado por fortes campos magnéticos. Isto é semelhante a uma antena de rádio, mas com a diferença de que a velocidade relativista altera a frequência observada, devido ao efeito Doppler, por um fator **F.** A contração relativista de Lorentz faz subir a frequência por outro fator **F**, multiplicando assim a frequência de gigahertz da cavidade ressonante que acelera os electrões até à gama dos raios X. Outro efeito dramático da relatividade é o facto de o padrão de radiação ser distorcido do padrão de dipolo isotrópico esperado da teoria não relativista para um cone de radiação extremamente orientado para a frente. Este facto faz com que as fontes de radiação sincrotrão sejam as fontes de raios X mais brilhantes que se conhecem. A geometria de aceleração planar faz com que a radiação seja linearmente polarizada quando observada no plano orbital, e circularmente polarizada quando observada num pequeno ângulo em relação a esse plano.

As vantagens da utilização da radiação sincrotrão para espetroscopia e difração foram percebidas por uma comunidade científica cada vez maior, a partir das décadas de 1960 e 1970. No início, os aceleradores eram construídos para a física das partículas e a radiação sincrotrão era utilizada em "modo parasita", quando a radiação do íman de flexão tinha de ser extraída através da abertura de orifícios adicionais nos tubos do feixe. O primeiro anel de armazenamento comissionado como fonte de luz sincrotrónica foi o Tantalus, no Centro de Radiação Sincrotrónica, que entrou em funcionamento em 1968 [3]. medida que a radiação sincrotrónica do acelerador se tornava mais intensa e as suas aplicações mais promissoras, foram sendo incorporados nos anéis existentes dispositivos que aumentavam a intensidade da radiação sincrotrónica. As fontes de radiação sincrotrão de terceira geração foram concebidas e optimizadas desde o início para produzir raios X brilhantes. Estão a ser consideradas fontes de quarta geração, que incluirão diferentes conceitos para a produção de raios X ultra-brilhantes, estruturados no tempo e pulsados, para experiências extremamente exigentes e provavelmente ainda por conceber.

Os electroímanes de flexão nos aceleradores foram inicialmente utilizados para gerar esta radiação, mas para gerar uma radiação mais forte; são por vezes utilizados outros dispositivos especializados - dispositivos de inserção. As fontes de radiação sincrotrónica actuais (de terceira geração) dependem tipicamente destes dispositivos de inserção, em que secções rectas do anel de armazenamento incorporam estruturas magnéticas periódicas (compostas por muitos ímanes num padrão de pólos N e S alternados - ver diagrama acima) que forçam os electrões a seguir uma trajetória sinusoidal ou helicoidal. Assim, em vez de uma única curva, muitas dezenas ou centenas de "wiggles" em posições calculadas com precisão somam ou multiplicam a intensidade total do feixe. Estes dispositivos são denominados "wigglers" ou "undulators". A principal diferença entre um ondulador e um wiggler é a intensidade do seu campo magnético e a amplitude do desvio da trajetória rectilínea dos electrões.

Existem aberturas no anel de armazenamento para permitir que a radiação saia e siga uma linha de feixe para a câmara de vácuo dos experimentadores. Um grande número de linhas de feixe deste tipo pode emergir das modernas fontes de radiação sincrotrónica de terceira geração.

2.6. Anéis de armazenamento

Os electrões podem ser extraídos do acelerador propriamente dito e armazenados num anel de armazenamento magnético auxiliar de vácuo ultra-elevado, onde podem circular um grande número de vezes. Os ímanes no anel também precisam de recomprimir repetidamente o feixe contra as forças de Coulomb (carga espacial) que tendem a romper os feixes de electrões. A mudança de direção é uma forma de aceleração, pelo que os electrões emitem radiação a energias de GeV.

2.7. Aplicações da radiação sincrotrónica

2.7.1. A radiação síncrotron de um feixe de electrões que circula a alta energia num campo magnético leva à auto-polarização radiativa dos electrões no feixe (efeito Sokolov-Ternov) [4]. Este efeito é utilizado para produzir feixes de electrões altamente polarizados para utilização em várias experiências.

2.7.2. A radiação sincrotrónica define os tamanhos dos feixes (determinados pela emitância do feixe) nos anéis de armazenamento de electrões através dos efeitos de amortecimento da radiação e excitação quântica [5].

2.7.3. Linhas de feixe

Numa instalação de sincrotrão, os electrões são normalmente acelerados por um sincrotrão e depois injectados num anel de armazenamento, no qual circulam, produzindo radiação sincrotrão, mas sem ganharem mais energia. A radiação é projectada numa tangente ao anel de armazenamento de electrões e captada por linhas de feixe. Estas linhas de feixe podem ter origem em ímanes de flexão, que marcam os cantos do anel de armazenagem, ou em dispositivos de inserção, que se situam nas secções rectas do anel de armazenagem. O espetro e a energia dos raios X diferem entre os dois tipos. A linha de luz inclui dispositivos ópticos de raios X que controlam a largura de banda, o fluxo de fotões, as dimensões do feixe, a focagem e a colimação dos raios. Os dispositivos ópticos incluem fendas, atenuadores, monocromadores de cristal e espelhos. Os espelhos podem ser dobrados em curvas ou em formas toroidais para focar o feixe. Um elevado fluxo de fotões numa pequena área é o requisito mais comum de uma linha de luz. A conceção da linha de luz varia consoante a aplicação. No final da linha de luz encontra-se a estação experimental, onde as amostras são colocadas na linha de radiação e os detectores são posicionados para medir a difração, a dispersão ou a radiação secundária resultantes.

Linhas de feixe de Sleil.

2.7.4. Técnicas experimentais e utilização

A luz sincrotrónica é uma ferramenta ideal para muitos tipos de investigação em ciência dos materiais, física e química e é utilizada por investigadores de laboratórios académicos, industriais e governamentais. Vários métodos tiram partido da elevada intensidade, comprimento de onda sintonizável, colimação e polarização da radiação de sincrotrão em linhas de feixe concebidas para tipos específicos de experiências. A elevada intensidade e o poder de penetração dos raios X de sincrotrão permitem a realização de experiências no interior de células de amostras concebidas para ambientes específicos. As amostras podem ser aquecidas, arrefecidas ou expostas a ambientes gasosos, líquidos ou de alta pressão. As experiências que utilizam estes ambientes são designadas in situ e permitem a caraterização de fenómenos à escala atómica e nanométrica que são inacessíveis à maioria das outras ferramentas de caraterização. As medições in operand são concebidas para imitar, tanto quanto possível, as condições reais de funcionamento de um material [6].

2.7.5. Difração e dispersão

As experiências de difração de raios X (XRD) são realizadas em sincrotrões para a análise estrutural de materiais cristalinos e amorfos. Estas medições podem ser efectuadas em pós, cristais simples ou películas finas. A elevada resolução e intensidade do feixe de sincrotrão permite a medição da dispersão de fases diluídas ou a análise de tensões residuais. Os materiais podem ser estudados a alta pressão utilizando células de bigorna de diamante para simular ambientes geológicos extremos ou para criar formas exóticas de matéria.

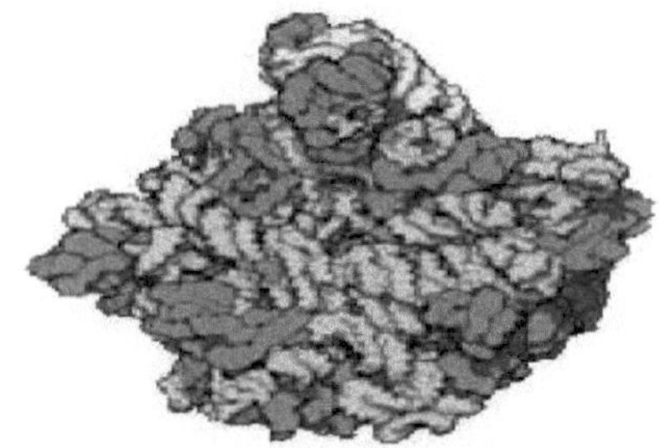

Estrutura de uma subunidade do ribossoma resolvida em alta resolução utilizando a cristalografia de raios X de sincrotrão [7].

A cristalografia de raios X de proteínas e outras macromoléculas (PX ou MX) é efectuada por rotina. As experiências de cristalografia baseadas no sincrotrão foram essenciais para a resolução da estrutura do ribossoma [8, 9]; este trabalho valeu o Prémio Nobel da Química em 2009. O tamanho e a forma das nanopartículas são caracterizados utilizando a dispersão de raios X a baixo ângulo (SAXS). As características nanométricas das superfícies são medidas através de uma técnica semelhante, a dispersão de raios X a pequeno ângulo por incidência de pastagem (GISAXS) [10]. Neste e noutros métodos, a sensibilidade da superfície é conseguida colocando a superfície do cristal num pequeno ângulo em relação ao feixe incidente, o que permite uma reflexão externa total e minimiza a penetração dos raios X no material.

Os detalhes atómicos a nanométricos das superfícies, interfaces e películas finas podem ser caracterizados utilizando técnicas como a refletividade de raios X (XRR) e a análise da barra de truncagem de cristais (CTR) [11]. As medições de ondas estacionárias de raios X (XSW) podem também ser utilizadas para medir a posição dos átomos em superfícies ou na sua proximidade; estas medições requerem ópticas de alta resolução capazes de resolver fenómenos de difração dinâmica [12]. Ajustando a energia do feixe através do bordo de absorção de um determinado elemento de interesse, a dispersão dos átomos desse elemento será modificada. Estes métodos de dispersão anómala ressonante de raios X podem ajudar a resolver as contribuições de dispersão de elementos específicos da amostra. Outras técnicas de dispersão incluem a difração de raios X por energia dispersiva, a dispersão inelástica ressonante de raios X e a dispersão magnética.

2.7.6. Espectroscopia

A espetroscopia de absorção de raios X (XAS) é utilizada para estudar a estrutura de coordenação dos átomos em materiais e moléculas. A energia do feixe de sincrotrão é sintonizada através do limite de absorção de um elemento de interesse, e as modulações na absorção são medidas. As transições de fotoelectrões causam modulações perto do bordo de absorção e a análise destas modulações (designada por estrutura de absorção de raios X perto do bordo (XANES) ou estrutura fina de absorção de raios X perto do bordo (NEXAFS)) revela informações sobre o estado químico e a simetria local desse elemento. A energias do feixe incidente que são muito superiores ao limite de absorção, a dispersão de fotoelectrões provoca modulações em "anel" designadas por estrutura fina de absorção de raios X alargada (EXAFS).

A transformação de Fourier do regime EXAFS permite obter os comprimentos de ligação e o número de ligações em torno do átomo absorvente; é, por conseguinte, útil para o estudo de líquidos e materiais amorfos [13], bem como de espécies esparsas, como as impurezas. Uma técnica relacionada, o dicroísmo circular magnético de raios X (XMCD), utiliza raios X polarizados circularmente para medir as propriedades magnéticas de um elemento.

A espetroscopia de fotoelectrões de raios X (XPS) pode ser realizada em linhas de luz equipadas com um analisador de fotoelectrões. A XPS tradicional limita-se normalmente a sondar os poucos nanómetros superiores de um material sob vácuo. No entanto, a elevada intensidade da luz de sincrotrão permite medições de XPS de superfícies a pressões de gás próximas do ambiente. A XPS à pressão ambiente (AP-XPS) pode ser utilizada para medir fenómenos químicos em condições catalíticas ou líquidas simuladas [14]. A utilização de fotões de alta energia produz fotoelectrões de elevada energia cinética que têm um caminho livre médio inelástico muito mais longo do que os gerados num instrumento XPS de laboratório. A profundidade de sondagem da XPS de sincrotrão pode assim ser aumentada para vários nanómetros, permitindo o estudo de interfaces enterradas. Este método é designado por espetroscopia de fotoemissão de raios X de alta energia (HAXPES) [15].

A composição dos materiais pode ser analisada quantitativamente por fluorescência de raios X (XRF). A deteção por XRF é também utilizada em várias outras técnicas, como a XAS e a XSW, em que é necessário medir a alteração na absorção de um determinado elemento. Outras técnicas de espetroscopia incluem a espetroscopia de fotoemissão resolvida em ângulo (ARPES), a espetroscopia de emissão de raios X moles e a espetroscopia vibracional de ressonância nuclear, que está relacionada com a espetroscopia Mossbauer.

2.7.7. Imagiologia

Os raios X de sincrotrão podem ser utilizados para a imagiologia tradicional de raios X, a imagiologia de raios X com contraste de fase e a tomografia. O comprimento de onda dos raios X à escala de Ângstrom permite a obtenção de imagens muito abaixo do limite de difração da luz visível, mas, na prática, a resolução mais pequena até agora alcançada é de cerca de 30 nm [16]. Estas fontes de nanossondas são utilizadas para a microscopia de raios X de transmissão por varrimento (STXM). A imagiologia pode ser combinada com a espetroscopia, como a fluorescência de raios X ou a espetroscopia de absorção de raios X, a fim de mapear a composição química ou o estado de oxidação de uma amostra com uma resolução submicrónica [17].

Linha de luz de nanossonda de raios X na fonte avançada de fotões.

Outras técnicas de imagiologia incluem a imagiologia por difração coerente. Podem ser utilizadas ópticas semelhantes para a fotolitografia de estruturas MEMS, que podem utilizar um feixe de sincrotrão como parte do processo LIGA.

2.8. Fontes de luz síncrotron compactas

Devido à utilidade da radiação coerente de raios X colimada sintonizável, têm sido feitos esforços para criar fontes mais pequenas e mais económicas da luz produzida pelos sincrotrões. O objetivo é tornar essas fontes disponíveis num laboratório de investigação por razões de custo e conveniência; atualmente, os investigadores têm de se deslocar a uma instalação para realizar experiências. Um método para fabricar uma fonte de luz compacta consiste em utilizar o desvio de energia resultante da dispersão Compton de fotões laser quase visíveis de electrões armazenados a energias relativamente baixas de dezenas de megaelectrão-volt (ver, por exemplo, a Fonte de Luz Compacta (CLS) [18]). No entanto, é possível obter desta forma uma secção transversal de colisão relativamente baixa e a taxa de repetição dos lasers está limitada a alguns hertz, em vez das taxas de repetição de megahertz que surgem naturalmente na emissão normal em anel de armazenamento. Outro método consiste em utilizar a aceleração do plasma para reduzir a distância necessária para acelerar os electrões do repouso até às energias necessárias para a emissão de UV ou de raios X em dispositivos magnéticos.

2.9. Referências

[1] . Handbook on Synchrotron Radiation, Volume 1a, Ernst-Eckhard Koch, Ed., North Holland, 1983, 16 de setembro de 2008, no Máquina Wayback.

[2] . Nielsen, Jens (2011). Elementos de física moderna de raios X. Chichester, West Sussex: John. ISBN 9781119970156.

[3] . E. M. Rowe e F. E. Mills, Tantalus I: A Dedicated Storage Ring Synchrotron Radiation Source, Particle Accelerators, Vol. 4 (1973); páginas 211-227.

[4] . A. A. Sokolv, et al. (1986). Radiation from Relativistic Electrons. New York: Série de Traduções do Instituto Americano de Física. Editado por C. W. Kilmister. ISBN 0- 88318-507-5.

[5] . A Física dos Anéis de Armazenamento de Electrões: Uma Introdução por Matt Sands

[6] . J. Nelson et al., "In Operando X-ray Diffraction and Transmission X-ray Microscopy of Lithium Sulfur Batteries", J. Am. Chem. Soc. 134 (2012) p. 6337-6343

[7] . N. Ban, P. Nissen, J. Hansen, P. Moore, T. Steitz, "The Complete Atomic Structure of the Large Ribosomal Subunit at 2.4 Â Resolution", Science 289 (2000) p. 905-920

[8] . N. Ban, P. Nissen, J. Hansen, P. Moore, T. Steitz, "The Complete Atomic Structure of the Large

Ribosomal Subunit at 2.4 Â Resolution", Science 289 (2000) p. 905-920.

[9] . Academia Real das Ciências da Suécia,

"O Prémio Nobel da Química 2009: Informação para o público", acedido em 2016-06-20

[10] . G. Renaud, R. Lazzari, F. Leroy, "Probing surface and interface morphology with Grazing Incidence Small Angle X-Ray Scattering", Surf. Sci. Rep. 64 (2009) p. 255-380

[11] . I.K. Robinson, D.J. Tweet, "Surface X-ray diffraction", Rep. Prog. Phys. 55 (1992) 599.

[12] . J.A. Golovchenko, et al., "Solution to the Surface Registration Problem Using X-Ray

Standing Waves", Phys. Rev. Lett. 49(1982) 560

[13] . D.E. Sayers, et al., "New Technique for Investigating Noncrystalline Structures: Fourier Analysis of the Extended X-Ray--Absorption Fine Structure", Phys. Rev. Lett. 27, 1971, 1204

[14] . H. Bluhm, M. Havecker, A. Knop-Gericke, M. Kiskinova, R. Schlogl, M. Salmeron, M., "In Situ X-Ray Photoelectron Spectroscopy Studies of Gas-Solid Interfaces at NearAmbient Conditions", MRS Bulletin 32 (2007) p. 1022-1030

[15] . M. Sing et al., "Profiling the Interface Electron Gas of LaAlO3 / SrTiO3 Heterostructures with Hard X-Ray Photoelectron Spectroscopy", Phys. Rev. Lett. 102 (2009) 176805

[16] . Centro de Materiais em Nanoescala do Laboratório Nacional de Argonne, "X-Ray Microscopy", acedido em 2016-06-20

[17] . A.M. Beale, S.D.M. Jacques, B.M. Weckhuysen, "Chemical imaging of catalytic solids with synchrotron radiation", Chem. Soc. Rev. 39 (2010) p. 4656-4672

[18] . "Sincrotrão em miniatura produz a primeira luz". Eurekalert.org. Recuperado em 2009-10-19.

Chapter (3)

Luz de sincrotrão para explorar as matérias

3.1. Introdução

Uma fonte de luz síncrotron - ou radiação síncrotron - produz impulsos muito intensos de luz/raios X, com comprimentos de onda e intensidades que permitem estudos detalhados de objectos de dimensões que vão desde as células humanas, passando pelos vírus, até aos átomos, com uma precisão que não é possível por outros meios [1, 2]. As fontes avançadas de luz (como os lasers e os sincrotrões) tornaram-se, por conseguinte, factores primordiais na promoção do progresso científico e tecnológico e, nas últimas décadas, o extraordinário poder da luz sincrotrónica teve um enorme impacto em domínios que incluem a arqueologia, a biologia, a química, as ciências ambientais, a geologia, a medicina e a física.

O coração de uma fonte de luz sincrotrónica é um anel de ímanes (133,2 m de circunferência no caso do SESAME) no qual os electrões são armazenados depois de terem sido acelerados a alta energia. A "luz de sincrotrão" emitida pelos electrões é dirigida para as linhas de feixe que rodeiam o anel de armazenamento e estão ligadas a ele. Cada linha de feixe é concebida para ser utilizada com uma técnica específica ou para um tipo específico de investigação.

Os sincrotrões são dispositivos relativamente dispendiosos que são frequentemente construídos através de colaborações internacionais. O trabalho em colaboração tem a importante vantagem de difundir os mais elevados padrões científicos e técnicos através dos países participantes, o que ajuda a promover o desenvolvimento de uma vasta gama de actividades científicas e industriais básicas e aplicadas.

As fontes de luz sincrotrónica são geralmente "instalações de utilizadores". Os cientistas das universidades e dos institutos de investigação visitam normalmente os laboratórios de sincrotrão durante uma ou duas semanas, duas ou três vezes por ano, para realizar experiências na linha de feixe que corresponde às necessidades do seu trabalho, frequentemente em colaboração com cientistas de outros centros/países, e depois regressam a casa para analisar os dados obtidos. Estes cientistas trazem consigo experiência e conhecimentos científicos, que partilham com os seus colegas e estudantes no seu país.

3.2. Luz síncrotron

A luz sincrotrónica é a radiação electromagnética emitida quando os electrões, movendo-se a velocidades próximas da velocidade da luz, são forçados a mudar de direção sob a ação de um campo magnético. A radiação electromagnética é emitida num cone estreito na direção da frente, numa tangente à órbita do eletrão. A luz sincrotrónica é única na sua intensidade e brilho e pode ser gerada em toda a gama do espetro eletromagnético: dos infravermelhos aos raios X [3, 4].

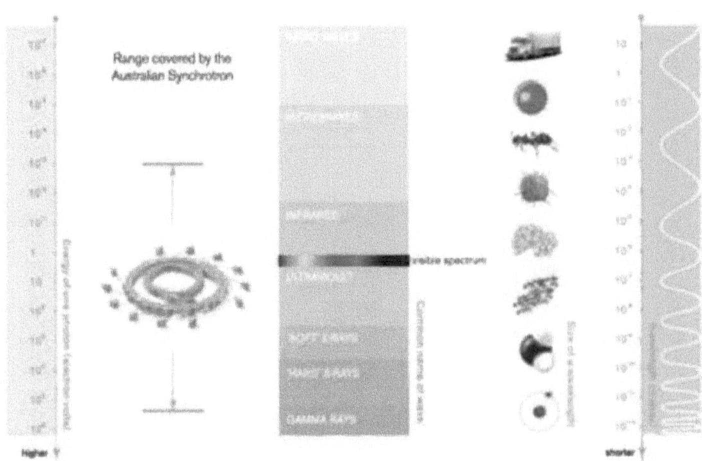

O espetro eletromagnético, mostrando o alcance do Sincrotrão Australiano

3.3. Propriedades da luz sincrotrónica

A luz sincrotrónica tem um conjunto de propriedades únicas. Estas incluem **[5]**:

- **Brilho elevado:** a luz de sincrotrão é extremamente intensa (centenas de milhares de vezes mais intensa do que a dos tubos de raios X convencionais) e altamente colimada.

- **Amplo espetro de energia:** a luz de sincrotrão é emitida com energias que vão desde a luz infravermelha até aos raios X duros.

- **Sintonizável:** é possível obter um feixe intenso de qualquer comprimento de onda selecionado.

- **Altamente polarizada:** o sincrotrão emite radiação altamente polarizada, que pode ser linear, circular ou elíptica.

- **Emitidos em impulsos muito curtos:** os impulsos emitidos são normalmente inferiores a um nanossegundo (um bilionésimo de segundo), permitindo estudos resolvidos no tempo.

3.4. Luz de sincrotrão para explorar as matérias

Luz Síncrotron é uma introdução interactiva e detalhada à física e tecnologia da geração de radiação coerente a partir de aceleradores, bem como às suas aplicações generalizadas de alta tecnologia na ciência, medicina e engenharia. Os tópicos abordados são a interação da luz e da matéria, a tecnologia das fontes de luz sincrotrão, espetroscopia, imagiologia, dispersão e difração de raios X e aplicações à ciência dos materiais, biologia, bioquímica, medicina, química, tecnologia alimentar e farmacêutica **[6-8]**. Todas as instalações de luz sincrotrónica são apresentadas com os endereços das suas páginas Web.

A Luz Síncrotron fornece uma ferramenta de aprendizagem multimédia instrutiva e abrangente para estudantes, profissionais experientes e novatos que desejem aplicar a radiação síncrotron no seu trabalho futuro. Pode ser utilizado para auto-ensino e em cursos de vários níveis em física, química, engenharia e biologia.

3.5. Recursos / Radiação sincrotrónica

A radiação sincrotrónica é uma forma de "luz" que sempre foi indispensável para a exploração da natureza pelo homem. Todos os comprimentos de onda do espetro eletromagnético podem ser designados por "luz". A "luz" de diferentes comprimentos de onda é utilizada para diferentes objectivos. Os comprimentos de onda mais longos, as ondas de rádio, são utilizados para observar o universo em expansão, e as micro-ondas são utilizadas para detetar aviões, navios e tufões **[9, 10]**. A luz infravermelha é uma fonte de luz ideal para sistemas de visão nocturna e para a deteção de mísseis através do rastreio das suas fontes de calor. A luz visível é o único comprimento de onda que os seres humanos podem ver a olho nu. A luz ultravioleta é utilizada para examinar a estrutura das moléculas de gás e da matéria condensada. Os raios X são a melhor fonte para a investigação das estruturas cristalinas; e os raios gama, com o comprimento de onda mais curto, permitem aos investigadores explorar o mundo interior dos átomos. Em geral, refere-se a uma banda contínua do espetro eletromagnético que inclui o infravermelho, a luz visível, o ultravioleta e os raios X. Esta luz tem sido chamada "radiação sincrotrão", uma vez que foi acidentalmente descoberta num sincrotrão de electrões da General Electric Company, EUA, em 1947.

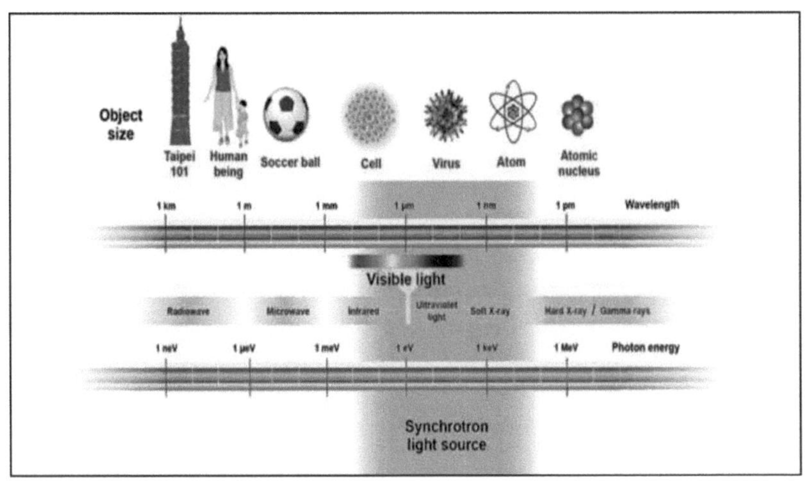

3.6. Gerações de fontes de radiação sincrotrónica

Os aceleradores de sincrotrão são ferramentas importantes para os investigadores da física de altas energias estudarem as partículas elementares. Os cientistas começaram a utilizar a radiação sincrotrão para várias experiências após a sua descoberta nos aceleradores sincrotrão [11]. Parcialmente dedicados à investigação da radiação sincrotrão, estes aceleradores de alta energia são designados por fontes de radiação sincrotrão de primeira geração.

Durante a década de 1970, os cientistas descobriram gradualmente as muitas características úteis da luz de sincrotrão, e foram desenvolvidos aceleradores especializados como fontes de luz dedicadas. Estas são as fontes de radiação de sincrotrão de segunda geração.

Durante os anos 80, os cientistas inventaram um método para criar uma luz de sincrotrão ainda mais brilhante. Ímanes especialmente concebidos, chamados "wigglers" e "undulators", foram inseridos em anéis de armazenamento para desviar o feixe de electrões várias vezes numa curta distância. Através da acumulação da luz sincrotrónica emitida, foi possível obter um aumento de brilho superior a mil vezes. Este tipo avançado de fonte sincrotrónica é designado por fonte de luz sincrotrónica de terceira geração. Durante a década de 90, foram construídas várias fontes de luz de terceira geração, incluindo a Fonte de Luz de Taiwan, que começou a funcionar em 1993.

3.7. As Propriedades da Radiação Sincrotrão [12, 13]

- Alta Intensidade
- Espectro contínuo
- Excelente colimação
- Baixa emitância
- Estrutura de tempo pulsado
- Polarização

A título de exemplo, a intensidade dos raios X de sincrotrão é mais de um milhão de vezes superior à dos raios X de um tubo de raios X convencional. As experiências que demoravam um mês a concluir podem agora ser efectuadas em apenas alguns minutos. Com a radiação de sincrotrão, as estruturas moleculares que antes confundiam os investigadores podem agora ser analisadas com precisão, e este progresso abriu muitos novos campos de investigação nos últimos anos.

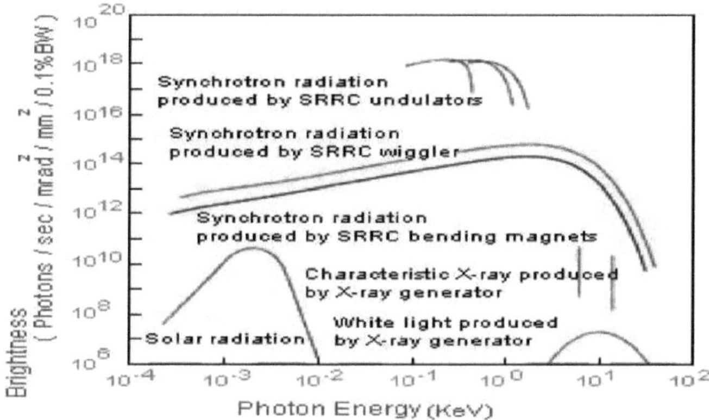

3.8. Teoria da fonte de luz sincrotrónica

Sempre que os electrões que se deslocam a uma velocidade próxima da velocidade da luz são deflectidos por um campo magnético, irradiam um feixe fino de radiação tangencialmente à sua trajetória [13, 14]. Este feixe é designado por radiação sincrotrão. Tomando como exemplo a fonte de luz sincrotrão do NSRRC, os electrões são primeiro acelerados no acelerador linear (LINAC) e no anel de reforço. São depois enviados através da linha de transporte para o anel de armazenamento, onde circulam em tubos de vácuo durante várias horas, emitindo radiação sincrotrão. A luz emitida é canalizada através de linhas de feixe para as estações experimentais onde são efectuadas as experiências.

O injetor é composto por um canhão de electrões, um LINAC que acelera os electrões até uma energia de 50 MeV e um booster (72 metros de circunferência) que acelera os electrões até uma energia de 1,5 GeV. Os electrões viajam a 99,999995% da velocidade da luz.

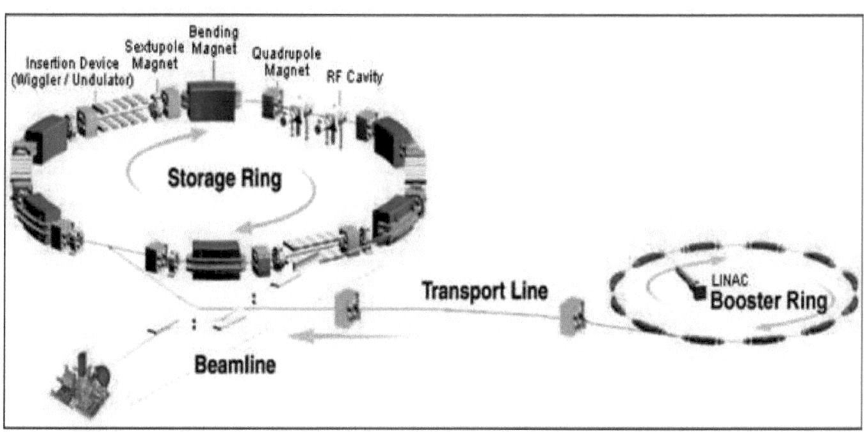

Injetor (LINAC e anel de reforço)

Electron gun

LINAC

Booster ring

3.8.1. Linha de transporte

Depois de atingir a energia alvo, os electrões são transferidos do anel de reforço para o anel de armazenamento através de uma linha de transporte com 70 metros de comprimento [15].

3.8.2. Anel de armazenamento

O anel de armazenamento tem uma forma aproximadamente hexagonal e uma circunferência de 120 metros. Os electrões com uma energia de 1,5 GeV circulam numa câmara de vácuo ultra-elevado. Uma série de ímanes situados à volta do anel dirige os electrões ao longo de arcos circulares e a radiação sincrotrão é continuamente emitida tangencialmente a partir dos arcos [16, 17].

Parâmetros do anel de armazenamento	
Energia máxima :	**1,5 GeV**
Corrente máxima do feixe, multi-feixe :	**300 mA**
Corrente máxima do feixe, feixe simples :	**25 mA**
Tempo de vida do feixe (1,5 GeV, 200 mA) :	**> 9 h**
Circunferência :	**120 m**

Período orbital :	400 ns
Número de superperíodos :	6
Tipo de rede :	Acromato de tripla curvatura
Emitância natural horizontal do feixe :	2,5 x 10^{-8} m-rad
Frequência RF :	499,654 MHz
Número harmónico :	200
Raio de curvatura :	3.495 m
Energia crítica dos fotões :	2,14 keV
Comprimento do lote (1σ) :	25 ps
Comprimento máximo dos dispositivos de inserção :	4.5 m

3.9. Dispositivos de inserção (wigglers / undulators)

Os dispositivos de inserção são constituídos por filas de ímanes com polaridade alternada e produzem radiações sincrotrónicas mais brilhantes ao provocar a oscilação do feixe [18].

Wigglers: provocam múltiplas mudanças de direção (ou wiggles) no feixe de electrões que geram uma luz branca extremamente brilhante com comprimentos de onda curtos.

Onduladores: provocam alterações periódicas na direção do feixe de electrões que produzem radiação ultra-brilhante de comprimento de onda único a partir dos padrões de interferência resultantes.

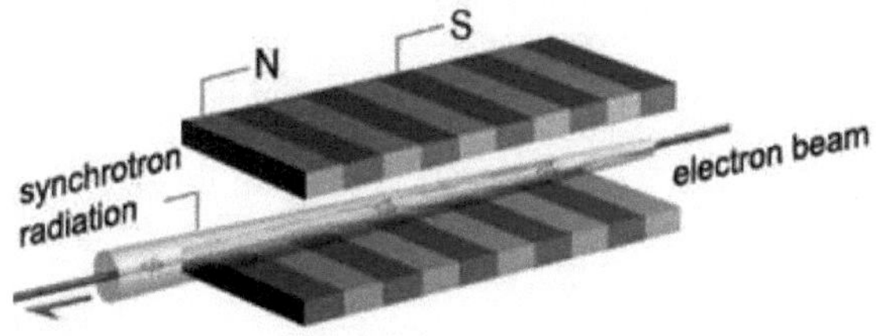

3.9.1. Linhas de feixe

As linhas de luz alojam muitos componentes ópticos especialmente concebidos que fornecem radiação sincrotrónica focalizada da energia desejada para as estações experimentais dos utilizadores.

3.9.2. Estação Experimental

As experiências que utilizam radiação de sincrotrão tentam analisar electrões, fotões e outras partículas que são emitidas quando a radiação de sincrotrão atinge a matéria. Os dados resultantes são depois utilizados para deduzir a química, a geometria, a estrutura eletrónica ou as propriedades magnéticas da matéria.

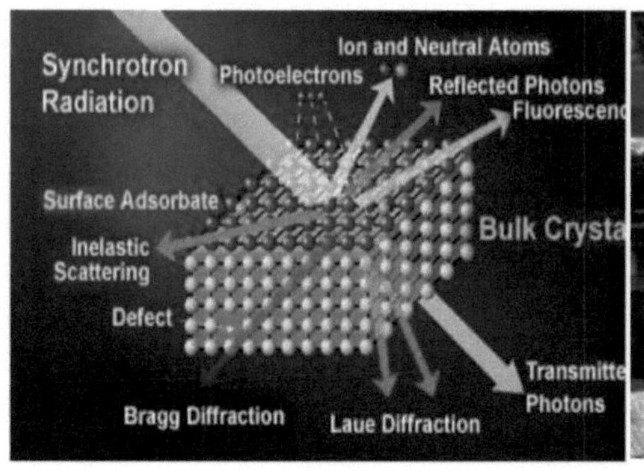

3.10. Aplicações da luz síncrotron no campo das matérias

As aplicações da luz sincrotrónica são ilimitadas. O cientista australiano e patrono do sincrotrão, Sir Gustav Nossal, afirma que "a utilidade da luz sincrotrónica é limitada apenas pela nossa imaginação" [19]. Se olharmos para a lista que se segue de algumas das numerosas aplicações (já comprovadas e potenciais) da luz sincrotrão, concordaremos com Sir Gustav Nossal e ficaremos surpreendidos com a importância do papel que a luz sincrotrão desempenha na ciência. Nesta preocupação, apresentei uma breve descrição de algumas das aplicações que achei realmente interessantes.

- Desenvolvimento de novos lubrificantes ultra-finos amigos do ambiente
- Análise de amostras de minério para ajudar na exploração mineral
- Impressão digital de elementos de rastreio para gerir os recursos naturais
- Investigação de plantas e insectos para remediar naturalmente os ecossistemas
- Compreender e prevenir a corrosão nos oleodutos
- Desenvolvimento de revestimentos de lubrificantes mais eficientes e duradouros
- Melhorar a produtividade dos catalisadores em química
- "Queimar" desenhos de chips de computador em bolachas de metal
- Estudo das formas das moléculas e dos cristais de proteínas
- Estudos arqueológicos sobre as armaduras antigas

- Desenvolvimento de moléculas "projectadas" para medicamentos
- Otimização da biotecnologia do óleo de sementes
- Melhorar o rendimento dos produtos naturais de saúde de origem vegetal
- Prosseguir a investigação sobre o cancro e a diabetes
- Fabricar melhores plásticos
- Imagiologia médica e radioterapia
- Micromaquinagem (exemplo abaixo)
- Melhorar as técnicas de moagem e de transformação atualmente utilizadas
- Avaliação do potencial de absorção de substâncias químicas tóxicas pela argila
- Analisar produtos químicos para determinar de que são feitos
- Observação de células vivas que reagem a medicamentos

3.10.1. Engenharia de materiais

3.10.1.1. Jactos e aviões mais duradouros.

Melhores revestimentos cerâmicos para jactos e aviões: As turbinas de jato podem atingir uma temperatura de 1000° C, mas os projectistas de motores querem que a temperatura seja mais elevada. Quanto mais elevada for a temperatura, maior será o impulso [20]. A Organização de Ciência e Tecnologia de Defesa (DSTO) da Austrália está a utilizar a luz sincrotrão para desenvolver revestimentos cerâmicos que possam suportar mais calor e ligar-se melhor ao metal. A DSTO vai utilizar esta tecnologia, se for inventada, para os aviões F-111 da Austrália.

Turbina plana com revestimento cerâmico.

3.10.1.2. Ecrãs de ecrã plano

Cientistas da International Business Machine (IBM) e do sincrotrão da Universidade de Stanford validaram uma nova forma de produzir ecrãs planos, utilizados em telemóveis, computadores portáteis e agora em televisores e monitores de secretária. Mostraram como as moléculas de cristais líquidos são alinhadas e ligadas numa superfície. Mostraram como um feixe de iões de baixa energia pode substituir o rolo abrasivo convencional para fazer ranhuras para os cristais.

O desenvolvimento de um processo sem contacto para o alinhamento dos cristais líquidos reduziu o tempo de fabrico e permitiu uma produção mais barata, melhorando simultaneamente a qualidade do ecrã [21].

3.10.1.3. Estudos Ambientais

Impedir que o arsénico nos países pobres seja lixiviado das rochas para a água potável; a luz síncrotron está a ser utilizada para tornar a água potável mais segura. O arsénico, uma toxina nociva, é lixiviado das rochas para a água potável. Utilizando uma microssonda de raios X, os cientistas estão a examinar grãos no interior das rochas para identificar o tipo de arsénico que estas transportam (a microssonda de raios X pode focar um ponto com um milésimo de milímetro de largura e detetar concentrações de elementos tão baixas como 10 a 100 partes por bilião). Esta investigação está a ser dirigida pelo Dr. Mark Rivers na Advanced Photon Source (APS) em Chicago, EUA.

Num outro estudo, amostras de ar recolhidas após a destruição do World Trade Centre foram analisadas numa instalação de sincrotrão dos EUA. Os resultados mostraram que as pilhas de detritos actuavam como uma fábrica de produtos químicos e emitiam substâncias tóxicas para o ar, causando potenciais problemas de saúde.

3.10.1.4. Fabrico

3.10.1.4.1. Chocolates mais saborosos e cremosos

Cientistas alimentares britânicos da Cadbury Trebor Bassett e da Universidade Heriot-Watt utilizaram o sincrotrão de Daresbury na sua busca de um chocolate mais cremoso e suave [22-24]. Os cientistas alimentares sabem que a manteiga de cacau (a manteiga de cacau é utilizada para fazer chocolate), quando arrefece, pode transformar-se em diferentes estruturas cristalinas. A maioria dos cientistas concorda que existem seis estruturas diferentes, polimorfos 1-6. O polimorfo 5 é o melhor chocolate, mas é muito difícil de obter e transforma-se noutros polimorfos. Os polimorfos inferiores têm um sabor amargo. O polimorfo 6 é o polimorfo mais fácil e mais estável de obter, mas é muito quebradiço. A chave para obter o polimorfo 5 é obter a quantidade certa de temperatura. A capacidade única da luz síncrotron permite aos cientistas monitorizar o arrefecimento e o aquecimento do chocolate durante o processo. Quando o processo correto for encontrado, os cientistas manterão a fórmula.

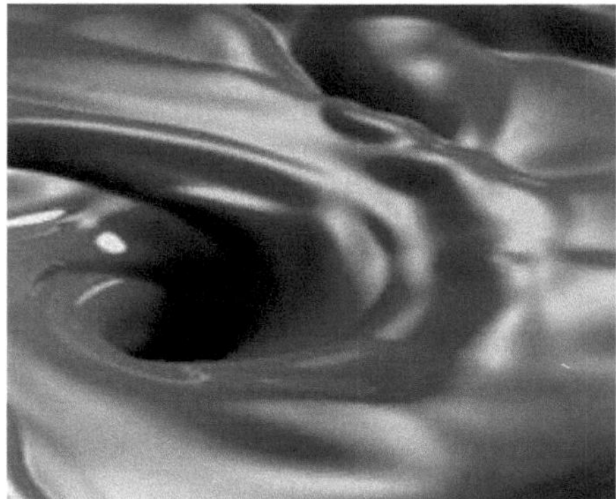

Talvez da próxima vez que for comprar chocolate esteja a comer uma substância criada pela ciência dos sincrotrões.

3.10.1.4.2. Melhores embalagens para batatas fritas

Um fabricante de películas de polímeros em Inglaterra, a UBC films, utilizou a ciência do sincrotrão para produzir uma embalagem de batatas fritas de pacote mais transparente e fiável [25]. Os cientistas descobriram que vários parâmetros durante o fabrico e o processamento dos sacos provocavam variações na película, causando amarelecimento ou turvação da embalagem que, de outro modo, seria transparente. Com base na sua investigação, o fabricante de embalagens de batatas fritas de pacote conseguiu modificar as suas condições de produção para evitar o problema.

3.10.1.4.3. Fraldas de bebé mais absorventes

Investigadores da Dow Chemicals utilizaram raios X de sincrotrão para melhorar a estrutura química das propriedades absorventes utilizadas nas fraldas descartáveis para bebés, o que resultou em fraldas mais leves e mais absorventes [26].

3.10.1.4.4. Ciências Forenses Estudos Criminais

Amostras e objectos extremamente pequenos de cenas de crime podem ser analisados utilizando técnicas de sincrotrão. Documentos falsos e dinheiro falso também podem ser identificados utilizando técnicas de sincrotrão. À esquerda, é apresentada uma imagem de impressões digitais. Isto é feito por cientistas que estão envolvidos em estudos criminais.

3.10.1.4.5. Analisar o cabelo de Beethoven

Utilizando a Advanced Photon Source do Argonne National Laboratory, em Chicago, os cientistas analisaram fios de cabelo de Beethoven e descobriram provas de que o grande compositor sofria de plumbismo (envenenamento por chumbo) [27]. A sua análise por sincrotrão mostrou que o cabelo de Beethoven tinha uma concentração de chumbo superior a 60 partes por milhão, o que é cerca de 100 vezes superior ao nível de um americano médio atual. De acordo com os cientistas envolvidos neste estudo, o envenenamento por chumbo foi provavelmente a causa da sua misteriosa doença crónica e da sua morte. Uma vez que Beethoven sofreu de sintomas comuns de envenenamento por chumbo (dores abdominais e depressão) durante a sua vida, este estudo de análise por sincrotrão parece muito convincente de que ele foi envenenado por chumbo. Não é verdade que a análise por sincrotrão esclareceu um mistério?

3.10.1.4.6. Medicina e produtos farmacêuticos - Medicamento para travar a gripe

Uma equipa de cientistas australianos da Commonwealth, Scientific, and Industrial Research Organization (CSIRO) utilizou luz sincrotrónica para estudar e remodelar as proteínas do vírus da gripe [28, 29]. Os seus estudos conduziram ao desenvolvimento do medicamento anti-influenza Relenza™ , comercializado pela Biota. Foi comercializado em 64 países pela GlaxoSmithKline. O "medicamento Relenza" bloqueia o ciclo de vida do vírus da gripe e, por conseguinte, o vírus não pode causar a gripe. À direita, encontra-se uma imagem do medicamento "Relenza".

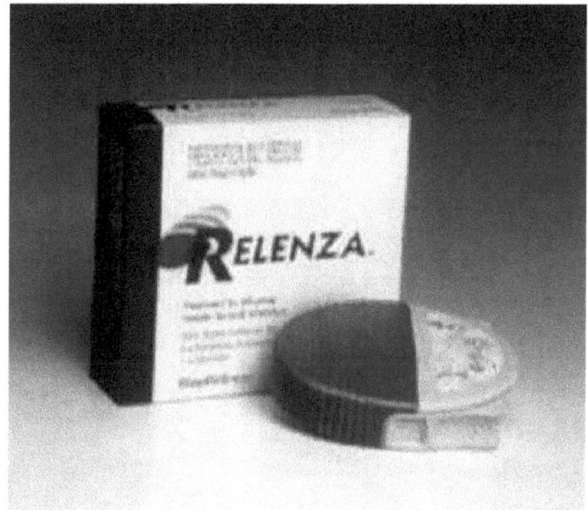

- Descodificar as proteínas: Reduzir a necessidade de insulina em pacientes diabéticos

O cientista canadiano Dr. Gerald Audette e a sua equipa estão a tentar reduzir a necessidade de insulina nos doentes diabéticos, utilizando a luz sincrotrónica para estudar as propriedades das proteínas envolvidas no metabolismo da glicose [30-36].

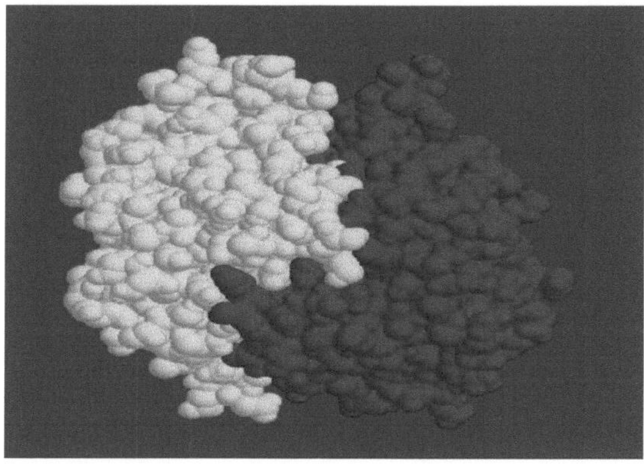

(Duas proteínas que interagem uma com a outra)

A equipa do Dr. Audette está a utilizar um poderoso sincrotrão internacional enquanto espera que as linhas de luz da Canadian Light Source (CLS) entrem em funcionamento. Estão a tentar inventar um fármaco que impeça ou, mais precisamente, reduza a interação entre as proteínas que criam a glicose no interior de um doente diabético, sem criar quaisquer efeitos secundários para o doente.

3.10.1.4.7. Guerra contra o Anthrax

O carbúnculo representa atualmente uma ameaça significativa como arma de guerra biológica e de terrorismo. A bactéria responsável pela doença do carbúnculo segrega uma toxina composta por três proteínas [37-42]. Ao descobrir a estrutura destas proteínas, os cientistas americanos e europeus do sincrotrão analisaram a forma como a proteína do fator letal crucial do carbúnculo ataca as células. Agora, devido a esta investigação, os biólogos do sincrotrão dos EUA desenvolveram um dispositivo com patente pendente, o "Thorax-Vac", que pode recolher e matar o carbúnculo e outros esporos bacterianos.

3.10.1.5. Agricultura

3.10.1.5.1. Produção de Optim (fibra semelhante à seda)

Foi utilizada uma luz sincrotrónica para confirmar a estrutura de uma nova fibra em comparação com a seda [4348]. Ao esticar e fixar as fibras de lã, os cientistas da Common-wealth, Scientific and Industrial Research Organization (CSIRO) conseguiram alterar a estrutura das proteínas e criar um novo produto que se assemelha muito à seda. Assim, os cientistas criaram a Optim, uma fibra feita de lã que imita as propriedades da seda. A fibra está atualmente em produção comercial. Optim™ fine é um novo tecido de lã com o toque e o drapeado da seda.

3.10.1.6. Minerais

3.10.1.6.1. Melhorar a extração de minerais

Os investigadores da indústria mineira utilizaram a luz sincrotrão para estudar a oxidação do níquel e do cobalto durante a extração [49]. Estes estudos podem ajudar a otimizar as condições de produção dos minerais. Uma vez optimizadas as condições de produção, os cientistas prevêem que as empresas mineiras possam aumentar as taxas de extração de 60% para 95% nas suas operações mineiras. Abaixo está uma imagem de uma mina de cobalto.

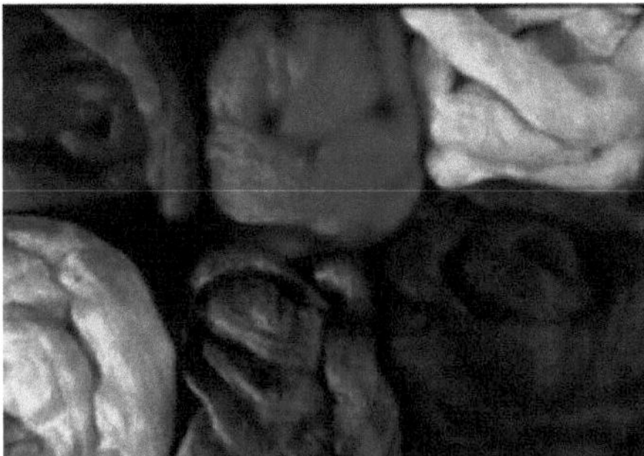

(Fibra óptima de lã)

3.10.1.7. Deteção de diamantes de sangue

Os "diamantes de sangue" são aqueles que provêm de locais onde a sua venda ajudou muito provavelmente a financiar a guerra civil ou o genocídio (Exemplo: Ruanda e Serra Leoa), daí o nome "diamantes de sangue". Os negociantes éticos tentam evitar a compra e a venda destas pedras, mas é difícil determinar a origem exacta de um diamante (abaixo está uma imagem de um diamante).

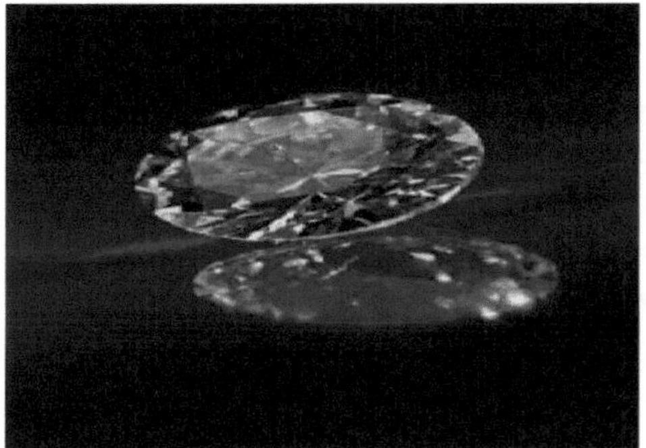

Diamante de sangue

Embora os diamantes produzidos no Canadá sejam gravados a laser com uma marca distintiva para determinar a sua origem, nada impede que os falsificadores marquem os diamantes de sangue com o mesmo sinal. No entanto, o investigador da Canadian Light Source, Jeff Cutler, acredita que pode utilizar a luz sincrotrónica para identificar com precisão a origem de uma pedra. Isto é possível porque cada diamante tem um conjunto de contaminantes que são únicos para a sua origem. Assim, a luz de sincrotrão pode ser utilizada para fornecer o tipo de medições precisas, ao nível atómico, necessárias para identificar os contaminantes. Isto ajudaria a proteger a reputação da indústria de diamantes do Canadá.

3.10.1.8. Micromaquinagem

Os cientistas estão a utilizar a luz sincrotrão para fabricar peças de máquinas minúsculas. Um exemplo quotidiano são as cabeças das impressoras de jato de tinta. Assim, da próxima vez que imprimir um documento utilizando cabeças de impressora de jato de tinta, lembre-se que está a utilizar tecnologia criada pela luz sincrotrão. Abaixo está uma imagem de uma cabeça de impressora de jato de tinta [50].

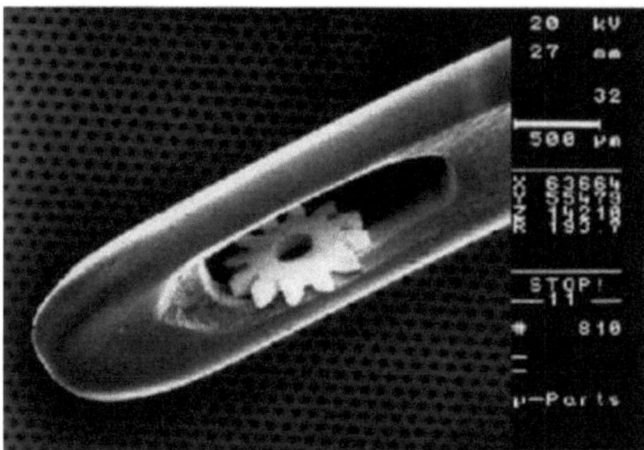

Cabeça de impressora de jato de tinta.

3.10.1.9. Micro-maquinação de materiais inorgânicos utilizando raios X suaves de plasma

Devido ao seu baixo custo e elevado rendimento, a nanomaquinagem de materiais inorgânicos transparentes está a tornar-se um processo fundamental nos domínios da medicina e da biotecnologia (microanalisadores químicos e micro-reactores, elementos ópticos funcionais). Existem vários métodos de maquinagem de vidro de sílica e de outros materiais inorgânicos transparentes, tais como

- litografia ótica [51] e litografia por feixe de electrões [52, 53],
- gravura por implante iónico e gravura por feixe iónico focalizado [54], e
- maquinagem ótica direta por luz laser ou radiação sincrotrão.

A nanomaquinação já foi implementada por litografia por feixe de electrões, litografia ótica e gravação por feixe de iões focalizados. Em comparação com estas tecnologias, a maquinagem ótica direta é uma técnica atractiva que oferece um elevado rendimento numa única operação (e, por conseguinte, utiliza equipamento simples). No entanto, a transparência da peça de trabalho dificulta a utilização da luz laser na maquinagem direta, uma vez que não ocorre a absorção de um único fotão e, por conseguinte, a energia ótica não pode ser aplicada eficazmente à peça de trabalho. Assim, a investigação anterior centrou-se noutros métodos de indução de absorção ou em lasers de femtossegundos.

Outros métodos de indução de absorção incluem a irradiação por luz UV de vácuo (processo de excitação multi-comprimento de onda VUV-UV) [55], o contacto com plasma laser (ablação assistida por plasma induzida por laser) [56], e a utilização de soluções (gravura húmida no lado posterior induzida por laser) [57]. No processo de excitação multi-comprimento de onda VUV-UV, a luz laser VUV é primeiro projectada numa peça de trabalho (vidro de sílica) para produzir estados excitados (defeitos, etc.); depois, a maquinagem é realizada pela absorção da luz laser UV por esses defeitos. Do mesmo modo, mostrámos que o vidro de sílica pode ser maquinado por irradiação preliminar com raios X suaves de plasma laser, de modo a induzir uma absorção transitória, seguida de irradiação laser UV [58]. No entanto, estes processos pressupõem que a absorção na região UV ocorre por irradiação da peça de trabalho com luz de comprimento de onda curto. Na ablação assistida por plasma induzido por laser, um plasma produzido por ablação por laser é aplicado à peça de trabalho, induzindo assim a absorção.

A peça de trabalho é maquinada pela energia transmitida pela irradiação laser. Na gravação húmida do lado posterior induzida por laser, é aplicada uma solução orgânica à peça de trabalho, a irradiação laser é fornecida a partir do lado oposto e a maquinagem é realizada utilizando a absorção de luz pela solução orgânica. Neste método, a luz laser é aplicada a partir da parte de trás, pelo que a peça de trabalho deve ser transparente. Quando materiais transparentes são irradiados por luz laser de femto-segundo, a maquinagem é possível através da absorção multifotónica ou de um forte campo elétrico produzido por um laser de femto-segundo [59, 60]. Uma caraterística deste método é a possibilidade de modificação do interior (alteração estrutural) através da concentração de luz no interior de um material transparente. Quando um material transparente é exposto à luz do laser de femtosegundo, a irradiação repetitiva do mesmo ponto resulta na formação de uma camada de absorção (camada de incubação) devido à geração de defeitos, e esta camada proporciona uma absorção eficiente em irradiações posteriores. Assim, a taxa de ablação aumenta com passagens adicionais de irradiação. Além disso, os lasers de femtosegundo têm uma elevada coerência espacial e a interferência entre os impulsos laser (divisão do feixe) pode ser utilizada para maquinagem [61]. É possível obter certos padrões regulares à escala nanométrica em vidro de sílica.

É difícil obter estruturas arbitrárias à nanoescala por maquinagem ótica direta de materiais inorgânicos transparentes utilizando os lasers existentes, pelo que são necessários novos processos. Além disso, esses processos devem basear-se em propriedades específicas do material e não devem depender de defeitos da rede e de outros factores. A maquinagem à nanoescala é frequentemente limitada pela barreira de difração, que depende do comprimento de onda da luz. Por conseguinte, são necessários raios X suaves com cerca de 10 nm. Neste caso, é de esperar que haja uma gama relativamente vasta de materiais maquináveis, porque a maquinagem é possível desde que a luz seja absorvida.

A utilização da radiação sincrotrónica como fonte de raios X moles torna possível a gravação de Si e SiO2 [62-72] e também a deposição química de SiO2 [73]. Muitos estudos tratam do ataque químico utilizando a irradiação de raios X brancos suaves na gama de 10 eV a 1 keV. A taxa de corrosão é proporcional ao número de fotões por unidade de tempo. No entanto, nos estudos anteriores que utilizaram radiação sincrotrão, o ataque direto à temperatura ambiente revelou-se impossível; foi necessário aquecer a peça [64-66, 69, 71], ou utilizar gases reactivos [62, 67, 68, 70, 72]. No primeiro caso, a taxa de corrosão melhora à medida que a temperatura é aumentada até cerca de 700 °C [66, 69, 71], sendo necessária uma energia de ativação de 0,7 eV [71]. A taxa de corrosão do SiO2 é mais do que uma ordem de grandeza inferior à do Si [64], pelo que o Si cristalino pode ser utilizado como máscara para a corrosão do SiO2 [69, 71]. Por outro lado, o SiO2 pode ser gravado mesmo à temperatura ambiente se for aplicada luz sincrotrónica numa atmosfera A condutividade do SiO2 em relação ao Si aumenta quando o SF6 é misturado com O2 [68]. Assim, o Si policristalino pode ser utilizado como material de máscara [62]; contudo, o Co é considerado mais útil [62].

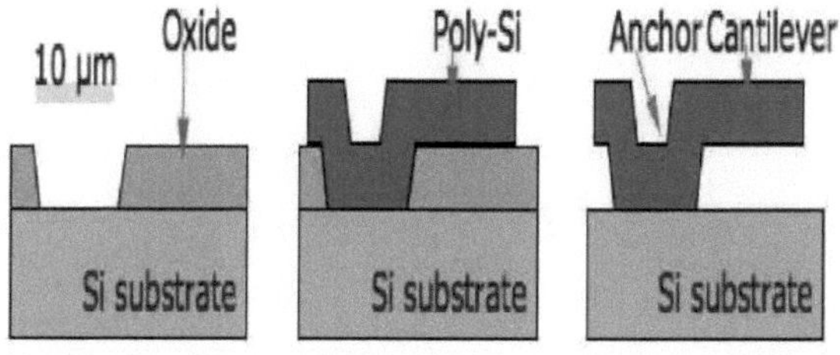

Como já foi explicado, o SiO2 e o Si podem ser gravados com radiação sincrotrónica. Além disso, é de esperar obter padrões com maior resolução através da litografia de raios X [75]. Contudo, o elevado custo dos fotões e a necessidade de aquecimento ou de gás reativo são problemas a resolver para uma utilização prática. Além disso, foi estudado o método realista de maquinagem ótica direta de materiais transparentes utilizando raios X suaves, à temperatura ambiente e sem gases reactivos [76-78]. Especificamente, quando o plasma laser foi considerado como uma fonte de raios X moles com uma luminância aceitável. Os raios X suaves de plasma laser podem ser aplicados como impulsos a uma peça de trabalho. Podemos assumir a geração de estados excitados de alta densidade, bem como um aumento de temperatura. Além disso, foi concebido um sistema ótico que pode efetivamente concentrar os raios X moles em cerca de 10 nm, de modo a aumentar a energia por unidade de área (fluência). Finalmente, os autores exploraram as possibilidades de ablação de vários materiais inorgânicos e, além disso, verificámos a nano-usinagem de vidro de sílica.

3.10.1.9. 1. Instrumentação para microusinagem por sincrotrão

O Center for Advanced Microstructures and Devices (CAMD) [79] apoia um programa sólido de Litografia de Raios X para Mircomachining (XRLM) ou LIGA. Está disponível para exposições um total de 4 linhas de luz equipadas com diferentes scanners. Uma sala limpa de classe 100 com 2.500 pés quadrados oferece capacidade de processamento básico para MEMS, incluindo litografia ótica, deposição de película fina, galvanoplastia e metrologia. Três linhas de feixe de microusinagem estão ligadas a ímanes de flexão. Todas as linhas de feixe são linhas de feixe de "luz branca", terminadas com uma janela de berílio. A distância típica entre a fonte e o scanner é de 10 m e a aceitação horizontal varia de 6,5 a 10 mrad. Podem ser inseridos vários filtros de baixo Z no feixe, adaptando o espetro de exposição à espessura da resistência. Duas linhas de luz estão equipadas com scanners comerciais da Jenoptik GmbH [80] e uma linha de luz com um scanner de "vácuo" concebido internamente. O modelo mais recente do scanner DEX02 da Jenoptik foi instalado na linha de luz XRLM1 da CAMD em dezembro de 2000 e permite exposições avançadas utilizando funções de sobreposição, inclinação e rotação, como mostra a figura.

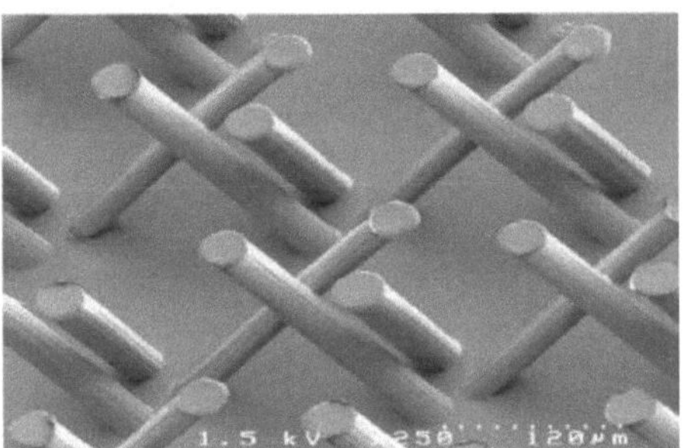

Primeiras exposições utilizando as funções de inclinação e rotação do scanner DEX02 na resistência negativa SU-8.

Para além destas linhas de feixe, o CAMD instalou uma linha de feixe de "luz branca" na sua fonte de 7T wiggler. Foram efectuados ensaios preliminares de exposição em amostras ultra-espessas (1 mm e mais espessas) utilizando um "scanner de ar". Atualmente, esta linha de luz está desmontada e será reinstalada juntamente com uma linha de luz PX.

Engrenagem de PMMA com 1,78 mm de altura fabricada na linha de luz wiggler. As vistas em grande plano ilustram a modelação precisa na parte inferior e superior da engrenagem.

3.10.1.9.1.1. Sistemas de microusinagem a laser

3.10.1.9.1.1.1. Perfuração a laser

A perfuração a laser pode ser utilizada para produzir microfuros em quase todos os materiais. A Warsash Scientific oferece sistemas e serviços de perfuração a laser para a produção de microfuros e I&D.

A perfuração de microfuros é possível para furos, bocais, orifícios, vias, células fotovoltaicas, etc. Podem ser alcançadas tolerâncias de posição e de diâmetro muito elevadas (inferiores a 1µm) [81-83].

Foi desenvolvida uma série de processos próprios para otimizar o processo de microperfuração a laser e permitir a perfuração a laser de pequenos orifícios de elevada precisão. Estas técnicas de microperfuração patenteadas, associadas à escolha do laser mais adequado para o trabalho, permitem-nos microperfurar bocais, etc., com uma precisão de diâmetro muito elevada e conicidade controlada para uma grande variedade de aplicações [83-86].

Estes sistemas e serviços têm sido utilizados para fabricar microfuros em componentes de injeção de combustível, cartões de sondas verticais, produtos inaladores de dose calibrada, orifícios e fendas para instrumentação científica, bicos de impressoras de jato de tinta, detectores, sensores, circuitos de alta resolução, células de combustível, interligações de fibras ópticas e dispositivos médicos.

Os microfuros podem ser efectuados a laser em metais, cerâmicas, diamante, silício e outros semicondutores, polímeros, vidro e safira, utilizando sistemas industriais visíveis e UV. Os sistemas de microperfuração a laser estão disponíveis para satisfazer a maioria dos requisitos de produção de microfuros e de I&D.

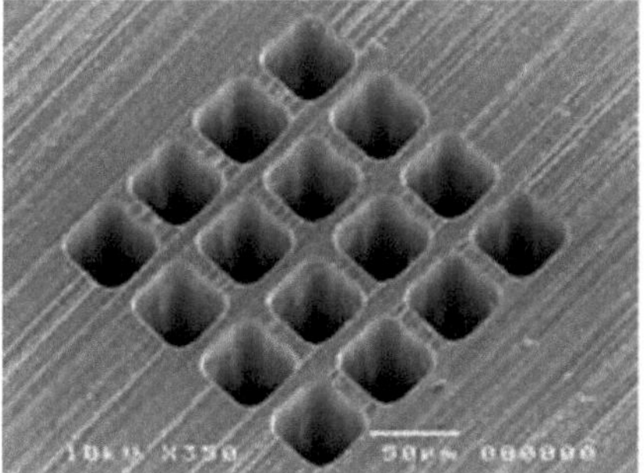

3.10.1.9.1.1.2. Corte de precisão a laser

O corte de precisão a laser é uma técnica de micro-usinagem atractiva para a maioria dos materiais. Podem ser maquinadas características até 1 mícron de largura e até 2 mm de profundidade [87-90].

Quase todos os tipos de materiais podem ser micro-cortados. Os materiais que podem ser maquinados incluem [91-95]:

- Metais: aço inoxidável, aço temperado, cobre, alumínio, latão, tungsténio, titânio
- Cerâmica: alumina, zircónio, cerâmica maquinável, cerâmica verde, PZT, nitreto de silício, carboneto de tungsténio
- Materiais super duros: diamante, nitreto de silício, carboneto de tungsténio
- Plásticos: poliimida, PTFE, PMMA, Kapton, Vespel, Cirlex, ABS
- Vidros e materiais cristalinos: BK7, safira, sílica fundida

3.10.1.9.1.1.3. Microfresagem

A microfresagem pode ser utilizada para criar características 2,5D na superfície da maioria dos materiais. Com a escolha adequada das condições do processo, é possível obter uma rugosidade superficial inferior a 1 mícron [96100].

A microfresagem a laser é simples no seu conceito. Cada pulso de laser faz a ablação de uma quantidade muito pequena de material. O laser é varrido ao longo da superfície para produzir a caraterística desejada. O número de impulsos em cada posição determina a profundidade da caraterística. Na prática, a qualidade do resultado depende fortemente da escolha do laser e da estratégia de varrimento adoptada. Em muitos casos, a morfologia do material de partida também é importante, com materiais de grão fino ou amorfos a produzirem os melhores resultados. A microusinagem a laser complicada pode ser aplicada a uma vasta gama de materiais.

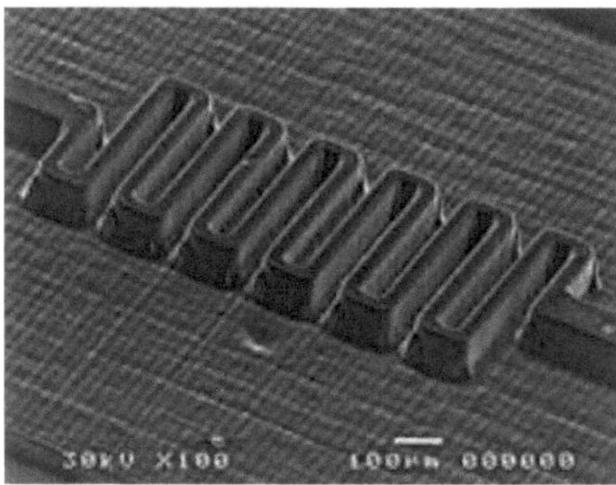

3.10.1.9.1.1.4. Marcação e gravação

Podem ser gravados padrões ou formas em qualquer material. As marcas decorativas ou os códigos de barras podem ser escritos a alta velocidade e com grande precisão [101-106].

A micrográvação e a micromarcação a laser são, na realidade, um subconjunto da microfresagem a laser. Cada impulso de laser remove pequenas quantidades de material. O feixe de laser é varrido sobre a superfície para produzir o padrão desejado. Ao alterar o número de impulsos em cada ponto, a profundidade da marca pode ser controlada.

Para uma marcação ultra-clara, é frequentemente desejável revestir o substrato com uma camada superficial de alto contraste. A ablação por laser desta camada expõe o material subjacente do substrato para obter uma marca de contraste muito elevado.

Podem ser produzidos micro-retratos até cerca de 10 microns de diâmetro. Os códigos de barras 2-D podem ser produzidos com tamanhos de pixel até 50 microns.

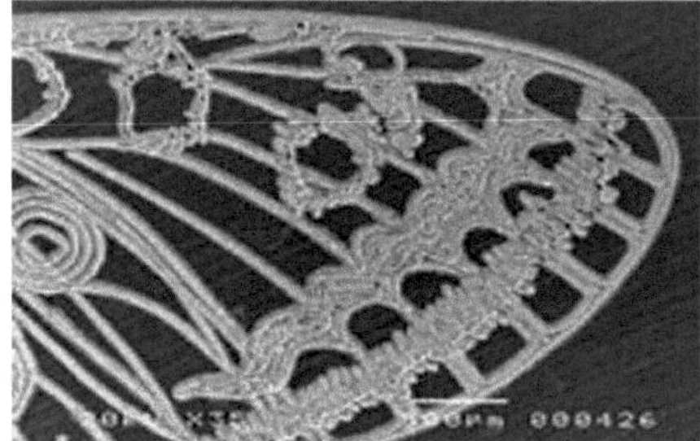

3.10.1.9.1.1.5. Riscagem e corte em cubos

Os lasers podem ser utilizados para traçar características finas em qualquer material. Isto pode ser feito para modelação de superfícies, corte em cubos ou como o primeiro passo num processo de "traçar e partir" [107-113].

As ranhuras finas podem ser cortadas em quase todos os materiais, incluindo: cerâmica, silício, safira, metais e vidro. Estas ranhuras muito finas podem ser utilizadas diretamente, como no processo Laser Groove Buried Grid (LGBG) na produção de células fotovoltaicas.

Em alternativa, a ranhura enfraquece os materiais de uma forma muito controlada, antes de aplicar uma força para fraturar o material. O controlo muito fino da ranhura conduz a uma rutura extremamente bem definida, limpa e sem microfissuras. Isto é frequentemente utilizado na indústria eletrónica para cortar wafers de silício e folhas de cerâmica e na indústria da energia solar para cortar células fotovoltaicas para concentradores solares.

Para além do traçado, a maioria dos materiais com menos de 1 mm de espessura pode ser micro-cortada com um laser. Isto elimina a etapa de quebra, mas aumenta o tempo do processo. O micro-corte a laser é frequentemente utilizado para cortar pequenos lotes, enquanto o corte por riscagem é utilizado para a produção em volume.

3.10.1.9.1.2. Microssistemas fotónicos de raios X para a manipulação da luz síncrotron

Os microssistemas fotónicos desempenharam um papel essencial no desenvolvimento de dispositivos fotónicos integrados, graças às suas capacidades únicas de controlo espácio-temporal e de modelação espetral [114]. Capacidades semelhantes para controlar e manipular de forma acentuada a radiação de raios X são altamente desejáveis, mas praticamente impossíveis devido à dimensão maciça das ópticas de cristal único de silício atualmente utilizadas. Mostramos aqui que os sistemas micromecânicos podem ser utilizados como ótica de raios X para criar e preservar a correlação espacial, temporal e espetral dos raios X. Demonstramos que, como ótica reflectora de raios X, podem manter as propriedades da frente de onda com uma refletividade de quase 100% e, como ótica difractiva dinâmica, podem gerar janelas temporais de nanossegundos com taxas de repetição superiores a 100 kHz. Uma vez que os microssistemas fotónicos de raios X podem ser facilmente incorporados em fontes de raios X de laboratório e de sincrotrão da próxima geração, proporcionam uma flexibilidade de conceção sem precedentes para futuras ópticas de raios X dinâmicas e em miniatura para focagem, manipulação da frente de onda, dispersão multicolorida e corte de impulsos.

Os dispositivos baseados em sistemas micro-electro-mecânicos (MEMS), quando combinados com micro-ótica, têm encontrado uma vasta gama de aplicações fotónicas. Entre estas contam-se a imagiologia e os ecrãs de alta resolução[1] , o diagnóstico biomédico e a bioimagem [115-118] e as comunicações ópticas [117, 118], todas elas dependentes da capacidade do dispositivo para controlar a forma temporal e espetral dos impulsos de luz. A maioria dos MEMS utiliza o silício como material estrutural que actua como espelhos, grelhas e lentes para desempenhar funções de dispositivos como microfocagem, modulação a alta velocidade, divisão de feixes, filtragem espetral, dispersão de comprimentos de onda, guia de ondas e varrimento. Colocamos a questão de saber se estas funções fotónicas dos MEMS podem também ser alargadas ao comprimento de onda dos raios X, uma vez que têm aplicações ainda inexploradas em telescópios de raios X [119], em instalações clínicas de imagiologia de raios X [120], em fontes de raios X actuais e da futura geração [121, 122] e em futuras fontes compactas de raios X baseadas no conceito de acelerador num chip [123, 124]. Felizmente, o silício monocristalino, que é um dos materiais preferidos para utilização em MEMS [125], é também o pilar da ótica de raios X reflectiva e difractiva para monocromatização, reflexão, focagem e dispersão [126, 127].

No entanto, as aplicações de raios X utilizam monocristais de silício que são 2-5 ordens de grandeza maiores em tamanho e 6-15 ordens de grandeza maiores em massa em comparação com a ótica MEMS. Se for possível desenvolver ópticas de raios X com dimensões, peso e desempenho comparáveis às das ópticas MEMS, estas permitirão novas funções estáticas e dinâmicas que atualmente não são possíveis. Por exemplo, poder-se-iam realizar funções ópticas de raios X adaptativas ultra-rápidas para imagiologia biológica e de materiais [128] e espetroscopia de raios X em tempo real com resolução temporal de microssegundos, o que permitirá a investigação dos processos dinâmicos responsáveis pelas funções electrónicas, de spin e estruturais em materiais orgânicos e inorgânicos [129-132]. Quando incorporadas em fontes de raios X de sincrotrão existentes, as ópticas de raios X baseadas em MEMS poderão ser utilizadas para implementar abordagens compactas sem acelerador para controlar as características dos impulsos, como a forma e a fase de uma frente de onda de raios X. Apesar da promessa e do potencial desta tecnologia, nenhum estudo avaliou até à data a eficácia dos dispositivos MEMS como ótica de raios X [133].

Foram investigadas as capacidades únicas da ótica de raios X baseada em MEMS de Si monocristalino para manipular a radiação de raios X. Utilizando simulações electromagnéticas e mecânicas FEM (modelação por elementos finitos) acopladas, concebemos dispositivos MEMS que funcionam num regime de frequência e amplitude de oscilação inexplorado, adequado à ótica de raios X. Implementámos um elemento difractor dinâmico para gerar janelas de tempo de nanossegundos com velocidades angulares muito elevadas a taxas de repetição superiores a 100 kHz. Além disso, da discussão que se segue, torna-se evidente que, utilizando a tecnologia MEMS para os raios X, será possível, num futuro próximo, uma nova geração de micro-sistemas fotónicos para comprimentos de onda de raios X.

Os elementos baseados em MEMS só podem ser eficazes como espelho de raios X se a superfície for atomicamente lisa e plana para refletir eficazmente os fotões de comprimento de onda de Angstrom em ângulos de incidência de pastoreio (sem distorcer) a frente de onda de raios X. Para revelar se os espelhos MEMS possuem estas propriedades, concebemos e fabricámos dispositivos MEMS de torção com um único elemento oscilante de Si monocristalino (100) com 10 μm de espessura e 500 μm × 500 μm de dimensão lateral. Está suspenso por um par de flexões de torção, que estão ancoradas ao substrato, como se pode ver na imagem de microscopia eletrónica de varrimento, como se mostra na figura. As flexões permitem que o cristal gire no modo de oscilação torsional em torno de um eixo que une as âncoras. O dispositivo é fabricado utilizando uma bolacha SOI (silicon-on-insulator) que fornece a camada de Si monocristalina necessária para difratar os raios X. O substrato por baixo do cristal é removido para permitir grandes oscilações fora do plano e para permitir a transmissão de raios X. A excitação é fornecida por actuadores comb-drive no plano, que são condensadores inter-digitalizados que fornecem binário com elevada densidade de força [114, 134]. A figura mostra a refletividade da incidência de Grazing do dispositivo MEMS de torção fabricado, em que:

(a) A imagem de microscopia eletrónica de varrimento do dispositivo MEMS de 500 μm × 500 μm mostra a superfície do cristal refletor, os actuadores comb-drive e as flexões de torção. Note-se que o ângulo de perspetiva da imagem é de cerca de 60°, pelo que o espelho quadrado parece ser retangular. Os raios X incidem na superfície do espelho na direção horizontal, perpendicular às flexões de torção,

(b) Tanto o feixe refletido como o feixe incidente são registados numa câmara CCD (charge-coupled device). O feixe refletido é um ponto bem definido no detetor de área, indicando que os raios X são reflectidos a partir de uma superfície de espelho lisa e de alta qualidade. Um detetor de ponto mede a intensidade do feixe refletido em relação ao ângulo de incidência e mostra que a eficiência da reflexão corresponde bem à teoria. A queda abrupta da refletividade em θc (≈0,18°) implica um elevado grau de planicidade.

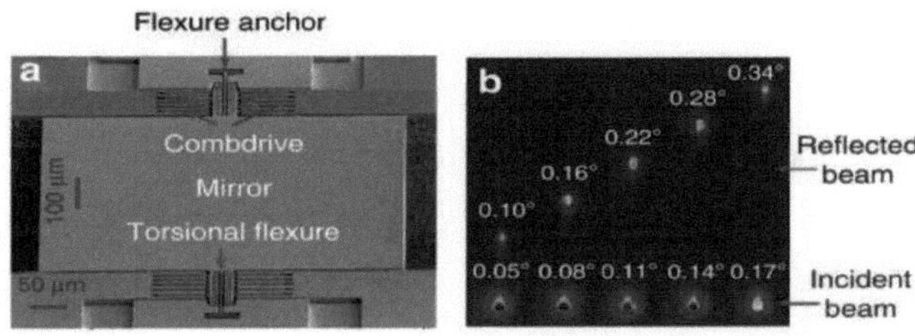

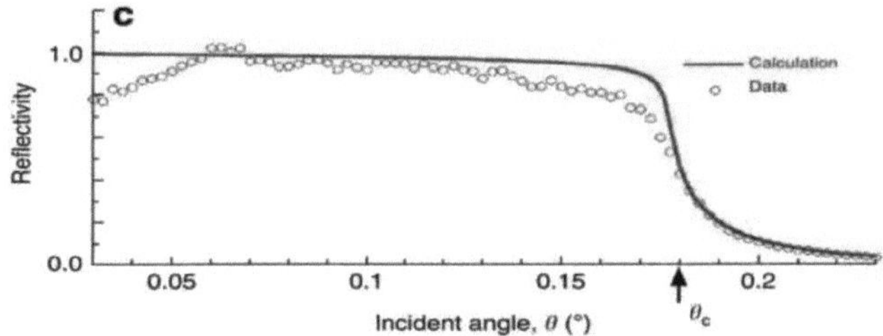

Reflectância da incidência de rasto do dispositivo MEMS de torção fabricado.

A refletividade estática dos raios X do espelho na incidência de pastagem foi medida enquanto o dispositivo não estava energizado. Com um detetor de raios X bidimensional, os feixes incidentes e reflectidos foram registados simultaneamente, como se mostra na figura, enquanto o dispositivo era rodado de zero até ao ângulo crítico do espelho de Si (0,18°). O feixe refletido apresentou-se em pontos bem definidos, indicando que os raios X se reflectem numa superfície de espelho de alta qualidade. Este facto é confirmado por uma análise quantitativa da refletividade dos raios X (figura), que demonstra a eficiência de reflexão prevista pela teoria [127]. A refletividade medida cai abruptamente no ângulo crítico, confirmando mais uma vez a existência de uma superfície de espelho lisa e plana. Por conseguinte, os espelhos micromecanizados têm uma qualidade comparável à dos grandes espelhos de raios X convencionais e podem ser utilizados para controlar a frente de onda dos raios X, por exemplo, para otimizar a focagem dos raios X com uma matriz desses elementos e controlos adaptativos.

Enquanto ótica de difração de raios X, o elemento cristalino MEMS também tem de estar isento de tensões ao longo do volume de penetração dos raios X para obter uma elevada eficiência de difração em condições estáticas e dinâmicas. A curva de oscilação dos raios X da ótica MEMS (figura) é medida com raios X de 8 keV em torno do ângulo de Bragg do Si(400), θB de 34,807°, utilizando um difratómetro de alta resolução. A Fig. 2b mostra uma curva de balanço típica do cristal, com um pico de refletividade próximo de 50%. É constituída por um pico de Si(400) estreito e intenso e por uma intensidade adicional nos picos largos acima de θ_B. Estes têm origem nos múltiplos estados de superfície com tensão de rede devido a camadas dopantes de fósforo difusivas pouco profundas introduzidas na superfície do cristal durante o fabrico do MEMS. Para além de uma gaussiana para ajustar o pico do Si(400), o perfil de intensidade foi ajustado numericamente com dois picos gaussianos centrados a 0,0038° e 0,0091° acima do pico do Si(400), o que está de acordo com uma investigação abrangente do Si dopado com fósforo[22] .

A grande separação angular dos picos dos ombros em relação ao pico do Si(400) e a sua menor intensidade permitiram uma análise exacta do pico do Si(400). O pico de Si(400) (figura), também modelado como uma gaussiana, tem uma largura total na metade do máximo, $\Delta\ \theta_{(400)}$ de 0,0034° (59 microrradianos). A análise 3-Gaussiana do perfil de difração, acima descrita, produz um ajuste extremamente bom aos dados medidos (figura). Gostaríamos, no entanto, de salientar que a tensão induzida pelo dopante presente neste dispositivo se deve ao processo de fabrico de MEMS multiutilizador fixo[23] da fundição de fabrico. A tensão devida à camada de dopante é agora bem compreendida e não interferiu com os nossos esforços para otimizar outros parâmetros dos espelhos MEMS para a ótica dinâmica de raios X. O efeito dopante pode ser eliminado no futuro através da utilização de uma fundição personalizada. A figura mostra a curva de balanço estático de raios X do dispositivo MEMS de torção de 75 kHz fabricado, onde:

- (a) A microscopia eletrónica de varrimento de um MEMS de 75 kHz com 25 µm de espessura e bordos arredondados mostra a superfície do cristal difrativo, os actuadores de tração em pente e as flexões de torção.

- (b) A curva de oscilação estática normalizada medida a 8 keV mostra um pico de difração de Si(400) proeminente com quase 50% de refletividade e picos largos à direita, que têm origem na tensão da rede devido à camada dopante referida no texto. O fabrico futuro eliminará esta camada dopante durante o processo de fabrico.

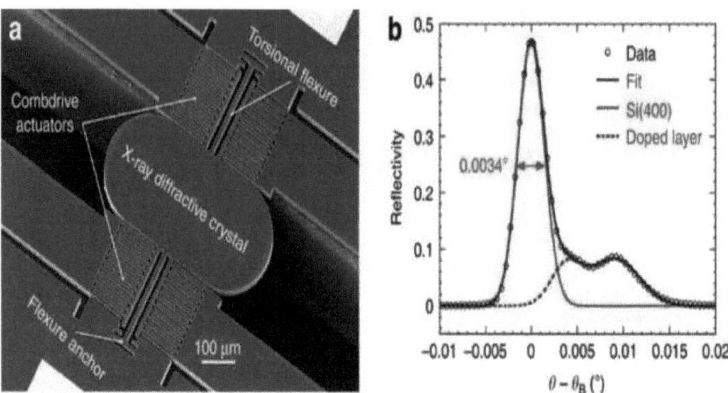

Curva de oscilação estática de raios X do dispositivo MEMS de torção de 75 kHz fabricado.

No caso da difração de um feixe monocromático, se o cristal estivesse isento de deformações e defeitos, o valor de $\Delta\theta_{(400)}$ seria determinado por uma convolução entre as larguras angular e energética do feixe de entrada e a largura de Darwin do cristal de Si(400) (ref. 14), que foi calculada em 0,0028° (49 microrradianos). O $\Delta\theta_{(400)}$ medido é ~20% mais largo, o que pode ser explicado pela tensão de deformação estática do cristal MEMS suspenso com 25-µm de espessura. A deformação estática de 0,0014° (24 microrradianos) foi estimada a partir da curvatura côncava medida do cristal a partir de dados de metrologia ótica e de raios X. Com a deformação estática contabilizada, a largura da curva de oscilação prevista de 0,0032° (55 microrradianos) está em boa concordância com o valor medido.

O conceito de utilização de MEMS na gama de comprimentos de onda dos raios X como ótica difractiva dinâmica para um feixe monocromático é apresentado esquematicamente (figura). Um MEMS fino de Si monocristalino pode difratar ou transmitir radiação de raios X apenas por uma mudança na sua orientação relativa ao feixe de raios X incidente. Um dispositivo MEMS oscilante difractará os raios X durante um curto período de tempo, quando a condição de Bragg for satisfeita, e transmitirá os raios X durante o resto do ciclo. Isto foi demonstrado experimentalmente (figura) que mostra, respetivamente, os impulsos de raios X de 6,518 MHz incidentes do anel de armazenamento APS e um impulso de raios X difractado quando um impulso de raios X de 100 ps incidente atinge o Si MEMS e coincide com o ângulo de Bragg do Si(400) do cristal único oscilante.

Os impulsos de raios X foram medidos com um detetor de fotodíodos de avalanche de resposta rápida que funciona em modo de integração de carga. A velocidade angular do MEMS determina a largura da janela de tempo de difração durante a qual a condição de Bragg é cumprida (figura). A variação do atraso entre o impulso de raios X e o momento em que o cristal varre o seu ângulo de Bragg pode revelar o perfil da janela no domínio do tempo. Para implementar este conceito com êxito, um dispositivo MEMS tem de funcionar como um elemento difrativo de raios X com a maior refletividade, mantendo este desempenho a altas velocidades sem introduzir qualquer distorção na frente de onda incidente. Demonstramos aqui que estes desafios para que os MEMS funcionem como ótica difractiva dinâmica de raios X podem ser facilmente ultrapassados, o que abre oportunidades inovadoras para a sua utilização única como ótica dinâmica de raios X. A figura mostra o conceito de ótica dinâmica de raios X baseada em MEMS, em que:

- (a) A difração de impulsos de raios X é realizada quando o MEMS monocristalino está orientado na condição de Bragg. Caso contrário, os impulsos de raios X são absorvidos ou transmitidos. (b) Impulsos de raios X de 8 keV provenientes do ondulador APS medidos com um fotodíodo de avalanche operado em modo de integração de carga. Os impulsos estão igualmente espaçados com um intervalo de 153 ns (6,518 MHz).

- (c) Um único impulso difractado de raios X selecionado a partir do trem de impulsos APS pelo MEMS oscilante de 75kHz.

- (d) A janela temporal de difração pode ser variada alterando a velocidade angular do MEMS. Uma amplitude maior ou uma frequência mais elevada resulta numa velocidade angular mais elevada e, consequentemente, numa janela temporal mais pequena.

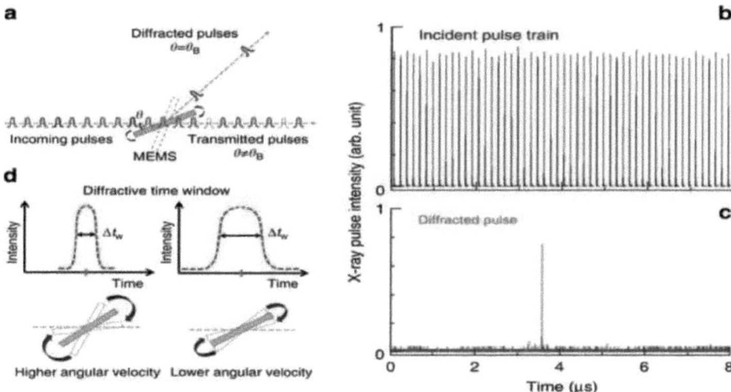

Conceito de ótica dinâmica de raios X baseada em MEMS.

Se o feixe de raios X incidente fizer um ângulo θ_0 com o cristal de Si estacionário, durante a oscilação, a dependência temporal do ângulo incidente $\theta(t)$ pode ser descrita como $\theta(t)=\theta_0+\alpha_m \cos(2\pi f_m t)$, em que α_m é a amplitude e f_m é a frequência de oscilação do MEMS. A velocidade angular do MEMS, $\omega(t)$, é dada por

$$\omega(t) = -\omega_{max}\sin(2\pi f_m t) \quad (1)$$

em que, $\omega_{max}=2\pi f_m \alpha_m$ é a velocidade angular máxima do MEMS.

O feixe de raios X incidente é difractado na condição de Bragg, $\theta(t)=\theta_B$, que ocorre duas vezes num ciclo de oscilação. O valor de $|\omega(t)/\omega_{max}|$ é unitário em $T/4$ e 3 $T/4$, como mostra a figura, em que $T=1/f_m$ é o período de oscilação. A figura mostra o desempenho dinâmico da ótica difractiva MEMS, em que:

- (a) Velocidade angular normalizada ao longo de um ciclo de oscilação do MEMS, em que ω_{max} = 1,261°μs^{-1}.

- (b) Os dados experimentais no domínio do tempo, em que a posição e a intensidade dos picos de raios X difractados a 8 keV (localmente expandidos ao longo do eixo do tempo por um fator de 20) ao longo de um ciclo do período de oscilação são representados em função do tempo e dos valores de $\Delta\theta=\theta_B-\theta_0$. Um perfil de difração ampliado (a $\Delta\theta=0,8°$) é apresentado no interior. O pico difractado é mais estreito quando $\Delta\theta=0°$. A imagem espelhada dos perfis de difração nos dois ramos de movimento realça a rotação simétrica dos MEMS.

- (c) O intervalo de tempo medido (Δt_g) entre os impulsos de raios X corresponde perfeitamente à equação 2 quando o valor máximo da amplitude de deflexão do MEMS é de ±2,69°.

- (d) A largura, Δt_w, do pico de difração do Si(400) obtida a partir dos perfis de difração no domínio do tempo analisados utilizando o modelo 3-Gaussiano (ver texto), mostrada em função de $\Delta\theta$. Perto de $\Delta\theta=0°$ (sombreado), os valores medidos (pontos) concordam bem com o cálculo utilizando a equação 3 (linha) sem parâmetro de ajuste.

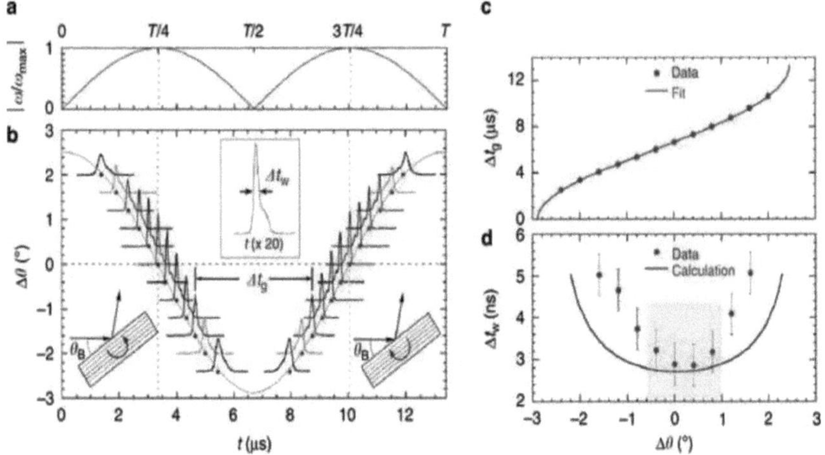

Desempenho dinâmico da ótica difractiva MEMS.

Para um cristal com uma largura de curva de oscilação $\Delta\ \theta_{(hkl)}$ (para o plano de difração *hkl*), o intervalo entre duas janelas de difração consecutivas (num ciclo de oscilação), Δt_g , e a largura da janela temporal de difração, Δt_w , dependem do desvio angular entre o ângulo de equilíbrio do MEMS, θ_0 na posição de repouso do dispositivo e o ângulo de Bragg θ_B como $\Delta\theta=\theta_B - \theta_0$ e são dados por

$$\Delta t_g = \frac{1}{f_m}\left[1 - \frac{1}{\pi}\cos^{-1}\left(\frac{\Delta\theta}{\alpha_m}\right)\right] \qquad (2)$$

e

$$\Delta t_w = \frac{\Delta\theta_{(hkl)}}{2\pi f_m \alpha_m} \cdot \frac{1}{\sqrt{1-\left(\frac{\Delta\theta}{\alpha_m}\right)^2}} \qquad (3)$$

Devemos sublinhar aqui que $\Delta\theta$ não é o ângulo de incidência, mas sim o parâmetro que utilizamos para testar as propriedades dinâmicas do MEMS quando o cristal é rodado para fora da sua posição de equilíbrio (ou de repouso) pelo movimento de uma fase do difratómetro. A partir destas equações, pode observar-se que a menor largura da janela de tempo de difração, $\Delta\theta_{(hkl)} / 2\pi f_m\ \alpha_m$, é obtida quando $\Delta\theta=0°$ (quando $\theta_0 = \theta_B$, a posição em que o cristal em repouso satisfaz a condição de Bragg), correspondendo a um intervalo de $1/(2f_m)$ entre os impulsos. O desempenho dinâmico do MEMS é avaliado a partir de medições da intensidade dos raios X no domínio do tempo, quer a partir de uma fonte de raios X de onda contínua, quer de uma fonte de raios X pulsados. Neste estudo, utilizámos o trem de impulsos de raios X incidente do modo de funcionamento padrão da Advanced Photon Source, em que a separação entre impulsos é de 153,4 ns [137-139]. O dispositivo MEMS foi acionado por um sinal de atuação de 70 Vpp com frequência $2f_m$ (f_m =74,671 kHz), resultando numa oscilação harmónica com uma amplitude nominal α_m de (±)3° e período T de 13,392 μs. Durante cada ciclo de oscilação MEMS, só serão difractados os impulsos de raios X que satisfaçam a condição de Bragg e que cheguem dentro da janela de tempo de difração definida para o Si(400).

3.11. Referências

[1] . A.L. Cavalieri et al "Attosecond spectroscopy in condensed matter", Nature 449, 1029-1032 (2007)

[2] . M. Fuchs et al "Laser-driven soft X-ray undulator source", Nature physics doi: 10.1038/NPHYS1404 (2009)

[3] . A. Baltuska, T. Udem et al. "Attosecond control of electronic processes by intense light fields", Nature 421, 611 -615 (2003)

[4] . M. Rini, et al: "Ultrafast Control of the Electronic Phase of a Manganite by Modeselective Vibrational

excitation", Nature 449, 72 (2007)

[5] . R.I. Tobey, et al: "Ultrafast electronic phase transition in La1.5Sr0.5MnO4 by coherent excitation of a Mn-O vibration: evidence for nonthermal melting of orbital order", Physical Review Letters 101, 197404 (2008)

[6] . F. Schmitt, et al: Transient Electronic Structure and Melting of a Charge Density Wave in TbTe3; Science 321, 1649 (2008)

[7] . Relatório de Investigação 2009, Grupos de Estudos Avançados Max Planck no Centro de Ciência de Laser de Electrões Livres

[8] . S.W. Epp, J.R. Crespo Lopez-Urrutia, et al "Soft X-Ray Laser Spectroscopy on Trapped Highly Charged Ions at FLASH", Phys. Rev. Lett. 98 (2007) 183001

[9] . I. Georgescu, U. Saalmann e J. M. Rost "Attosecond resolved charging of clusters". Phys. Rev. Lett. 99, 183002 (2007)

[10] . P. St.J. Russell "Photonic Crystal Fibers", J. Lightwave Techn. 24, 4729-4749 (2006)

[11] . T.A. Birks, J.C. Knight e P.St.J. Russell, "Endlessly single-mode photonic crystal fibre", Opt. Lett. 22 (961 -963) 1997

[12] . S. W. Hell, E. Rittweger: "Light from the dark". Nature 461, 1069-1070, (2009)

[13] . S. W. Hell, "Far-Field Optical Nanoscopy" (Nanoscopia ótica de campo distante). Ciência 316, 1153 - 1158 (2007)

[14] . Th. Udem, R. Holzwarth, e T.W. Hansch "Optical Frequency Metrology", Nature, 416, 233 (2002)

[15] . M. Fischer, N. Kolachevsky, et al. "New limits on the drift of fundamental constants from laboratory measurements" Phys. Rev. Lett. 92 (2004)

[16] . U.L. Andersen, G Leuchs, C. Silberhorn, "Continuous-variable quantum information processing", Laser&Photon. Rev., (2009), doi 10.1002/lpor.200910010

[17] . P. Zoller, T. Beth et al, "Quantum information processing and communication - Strategic report on current status, visions and goals for research in Europe", Eur. Phys. J. D 36, 203-228 (2005).

[18] . Robinson, Arthur L. "X-Ray Data Booklet: História da Radiação Síncrotron". Recuperado em 4 de setembro de 2011.

[19] . W. D. Grobman, D. E. Eastman, e J. L. Freeouf, Phys. Rev. B 12, 4405 (1975).

[20] . E.W.Becker, "Fabrication of microstructures with high aspect ratios and great structural heights by synchrotron radiation lithography, galvano-forming, and plastic molding (LIGA process)", Microelectronic Engineering, Vol. 4, Issue 1, May 1986, pp. 35-56.

[21] . S. B. Qadri, E. F. Skelton, e A. W. Webb, "High pressure studies of Ge using synchrotron radiation", Journal of Applied Physics 54, 3609 (1983).

[22] . Adenier H, Chaveron H, Ollivon M. 1993. Mecanismo de desenvolvimento da mancha de gordura no chocolate. In: Charalambous G, editor. Shelf Life Studies of Foods and Beverages. London: Elsevier. p 353-389.

[23] . Afoakwa EO, Paterson A, Fowler M. 2007. Factores que influenciam as qualidades reológicas e texturais do chocolate - uma revisão. Tendências em Ciência e Tecnologia Alimentar. 18:290298.

[24] . Afowaka EO, Paterson A, Fowler M, Vieira J. 2008a. Distribuição do tamanho das partículas e efeitos da composição nas propriedades texturais e no aspeto dos chocolates negros. Investigação e Tecnologia Alimentar Europeia. 87:181-190.

[25] . http://www.super-tube.com/bopp.html.

[26] . Destaque: pesquisa médica em Monash - Medicina, Enfermagem ...

www.med.monash.edu.au/news/spotlight/spotlight-v2-issue4.pdf -

[27] . Beethoven morreu de envenenamento inadvertido por chumbo? - ...

scienceblogs.com/retrospect tacle/.../beethoven-died-of-inadvertant/

[28] . I. H. Wiedemann, M. Baltay, R. Carr, M. Hernandez, W. Lavender, "A Compact Radiation Source for Digital Subtractive Angiography", Nucl. Instr. & Meth. A347 (1994) 515-521.

[29] . Y. Oku, K. Aizawa, S. Nakagawa, M. Ando, K. Hyodo, S. Kamada, H. Shiwaku, "Conceptual Design of a Compact Electron Storage Ring System Dedicated to Coronary Angiography", Proc. 1993 IEEE Particle Accelerator Conf.

[30] . Departamento de Agricultura dos EUA, Centro de Política e Promoção da Nutrição: Nutrient Content of the U.S. Food Supply, 1909-94 [Conteúdo de *nutrientes* do suprimento de alimentos dos EUA, 1909-94]. Home Economics Research Report No. *53*. U.S. Government Printing Office, Washington DC, 1997.

[31] . Malik RL, Jaspan JB: Papel das proteínas no controlo da diabetes. *Diabetes Care* 12:39-40, 1989.

[32] . Franz MJ: Proteína: metabolismo e efeito nos níveis de glucose no sangue. *Diabetes Educ* 23:64351, 1997.

[33] . Gannon MC, Nuttall FQ: Proteína e diabetes. In: American Diabetes Association Guide to Medical Nutrition Therapy for Diabetes. Franz MJ, Bantle JP, Eds. Associação Americana de Diabetes, Alexandria, Virgínia, 1999, p. 107-25.

[34] . Conn JW, Newburgh LH: The glycemic response to isoglucogenic quantities of protein and carbohydrate (A resposta glicémica a quantidades isoglucogénicas de proteínas e hidratos de carbono). J Clin Inves *t* 15:667-71, 1936.

[35] . Nuttall FQ, Gannon MC: Plasma glucose and insulin response to macronutrients in nondiabetics and NIDDM subjects. *Diabetes Care* 14:824-38, 1991.

[36] . Westphal SA, Gannon MC, Nuttall FQ: The metabolic response to glucose ingested with various amounts of protein. Am J Clin Nutr 52:267-72, 1990.

[37] . Meselson M, Guillemin J, Hugh-Jones M, et al. (1994) The Sverdlovsk anthrax outbreak of 1979. Science 268: 1202-1208.

[38] . Hanna PC, Kruskal BA, Allen R, et al. (1994) Role of macrophage oxidative burst in the action of anthrax lethaltoxin. Mol. Med. 1(1): 7-18.

[39] . Bradley KA, Mogridge J, Mourez M, et al. (2001) Identification of the cellular recetor for anthrax toxin. Nature 414: 225-229.

[40] . Lacy DB, Mourez M, Fouassier A, Collier RJ (2001) Mapping the anthrax protective

local de ligação do antigénio nos factores letal e de edema. J. Biol. Chem. (no prelo).

[41] . Leppla SH. (1999) Comprehensive Sourcebook of Bacterial Protein

Toxins, Alouf JE e Freer JH, eds., Academic Press, Londres, pp. 243-263.

[42] . Khanna H, Chopra AP, Chaudhry A, Singh Y. (2001) Papel dos resíduos que constituem a cadeia do Domínio II na atividade biológica do Antigénio Protetor do Anthrax. FEMS Microbiol. Lett. 199: 27-31.

[43] . Smith BL, et al. Origem mecanicista molecular da tenacidade de adesivos, fibras e compósitos naturais.Nature. 1999;399(6738):761-763.

[44] . Sellinger A, Weiss PM, Nguyen A, Lu Y, Assink RA, Gong W, Brinker C, et al. Auto-montagem contínua de revestimentos de nanocompósitos orgânicos-inorgânicos que imitam o nácar. Nature. 1998;394(6690):256-260.

[45] . Wahl D, Czernuszka J. Compósitos de colagénio-hidroxiapatite para reparação de tecidos duros. Eur. Cell Mater.2006;11:43-56.

[46] . Buehler MJ. Materiais por conceção - Uma perspetiva dos átomos às estruturas. MRS Bull. 2013; 38(02):169-176.

[47] . Ragauskas AJ, et al. The path forward for biofuels and biomaterials. Science, 2006; 311 (5760):484-489.

[48] . Sudesh K, Iwata T. Sustainability of biobased and biodegradable plastics (Sustentabilidade dos

plásticos de base biológica e biodegradáveis). Limpo: Soil, Air, Water. 2008; 36(5-6):433-442.

[49] . Austrália e Nova Zelândia, "synchrotron based science strategic plan 2007-2017", www.synchrotron.org.au/.../Synchrotron-Decadal-Plan---Full-versio...

[50] . Yanping Zhang e Takanori Katoh, " Synchrotron Radiation Micromachining of Polymers to Produce High-Aspect-Ratio Microparts", Japanese Journel of Applied Physics, Volume 35, Parte 2, Número 2A

[51] . Benninon I, Reid DCJ, Rowe CJ, Steward WJ. Filtros de grelha de fibra monomodo de alta refletividade. Electron Lett. 1986; 22:341-343.

[52] . Allee DR, Umbach CP, Broers AN. Modelação direta à escala nanométrica de SiO2 com irradiação por feixe de electrões. Jour. Vac. Sci. Technol. B 1991; 9: 2838-2841.

[53] . Dix C, McKee PF, Thurlow AR, Towers JR, Wood DC. Fabrico por feixe de electrões e inspeção por feixe de iões focalizados de elementos ópticos difractivos estruturados submicrónicos. Jour. Vac. Sci. Technol. B 1994; 12: 3708-3711.

[54] . Albert J, Hill KO, Malo B, Johnson DC, Bilodeau F, Templeton IM, Brebner JL. Escrita sem máscara de grelhas submicrométricas em sílica fundida por implantação de feixe de iões focados e gravação húmida diferencial. Appl. Phys. Lett. 1993; 63: 2309-2311.

[55] . Sugioka K, Wada S, Ohnuma Y, Nakamura A, Tashiro H, Toyoda K. Efeito de irradiação de múltiplos comprimentos de onda na ablação de quartzo fundido utilizando laser Raman ultravioleta de vácuo. Appl. Surf. Sci. 1996; 96-98: 347.

[56] . Zhang J, Sugioka K, Midorikawa K. Fabrico direto de microgrades em quartzo fundido por ablação assistida por plasma induzido por laser com um excimer laser KrF. Opt. Lett. 1998; 23: 1486-1488.

[57] . Wang J, Niino H, Yabe A. Micromachining of quartz crystal with excimer lasers by laser-indduced backside wet etching. Appl. Phys. A 1999; 69: S271-S273.

[58] . Makimura T, Mitani S, Kenmotsu Y, Murakami K, Mori M, Kondo K. Micromaquinação de quartzo utilizando raios X suaves de plasma laser e luz laser ultravioleta. Appl. Phys. Lett. 2004; 85:1274-1276.

[59] . Ihremann J, Wolf B, Simon P. Ablação por excimer laser de nanossegundos e femtossegundos de sílica fundida. Appl. Phys. A 1992; 54: 363-368.

[60] . Varel H, Ashkenasi D, Rosenfeld A, Wahmer M, Campbell EEB. Micro-maquinação de quartzo com impulsos laser ultra-rápidos. Appl. Phys. A 1997; 65: 367-373.

[61] . Kawamura K, Sarukura N, Hirano M, Ito N, HosoNo H. Matriz periódica de nanoestruturas em grelhas holográficas cruzadas em vidro de sílica através de dois impulsos laser de infravermelhos-femtosegundos com interferência. Appl. Phys. Lett. 200: 79:1228.

[62] . Wang C, Urisu T. Gravação estimulada por radiação síncrotron de películas finas de SiO2 com uma máscara de contacto de Co para a deposição selectiva de área de monocamadas automontadas. Jpn Jour. Appl. Phys. 2003; 42: 4016-4019.

[63] . Nonogaki Y, Hatate H, Oga R, Yamamoto S, Fujiwara Y, Takeda Y, Noda H, Urisu T. Gravação estimulada por Sr e crescimento OMVPE para o fabrico de nanoestruturas de semicondutores. Mater. Sci. Eng. B 2000; 74: 7-11.

[64] . Gao Y, Mekaru H, Miyamae T, Urisu T. Estudo de microscopia de túnel de varrimento da morfologia da superfície de Si(111) após remoção de SiO2 por iluminação de radiação sincrotrónica. Appl. Phys. Lett. 2000; 76: 1392- 1394.

[65] . Miyamae T, Uchida H, Munro IH, Urisu T. Observação direta da dessorção estimulada por radiação síncrotron de películas finas de SiO2 em Si(111) por microscopia de túnel de varrimento. Surf. Sci. 1999; 437: L755-L760.

[66] . Akazawa H. Evaporação estimulada por radiação síncrotron e formação de defeitos em a-SiO2. Physical Rev. B 1995; 52: 12386-12394.

[67] . Terakado S, Goto T, Ogura M, Kaneda K, Kitamura O, Suzuki S, Tanaka K. Nova técnica de microfabricação por gravação excitada por radiação síncrotron: Utilização de máscara sem contacto a uma escala submicrométrica. Appl. Phys. Lett. 1994; 64: 1659-1661.

[68] . Utsumi Y, Takahashi J, Urisu T. Efeitos da adição de oxigénio na gravação excitada por radiação sincrotrão utilizando SF6. Jour. Vac. Sci. Technol. B 1991; 9: 2507-2510.

[69] . Akazawa H, Takahashi J, Utsumi Y, Kawashima I, Urisu T. Evaporação fotoestimulada de películas de SiO2 e Si3N4 por radiação sincrotrónica e sua aplicação na limpeza a baixa temperatura de superfícies de Si. Jour. Vac. Sci. Technol. A 1991; 9: 2653-2661.

[70] . Shobatake K, Ohashi H, Fukui K, Hiraya A, Hayasaka N, Okano H, Yoshida A, Kume H. Gravação de SiO2 com SF6 a 143 e 251 Â por radiação síncrotron excitada por radiação ondulante. Appl. Phys. Lett. 1990; 56: 2189-2191.

[71] . Akazawa H, Utsumi Y, Takahashi J, Urisu T. Evaporação fotoestimulada de películas de SiO2 por radiação sincrotrónica. Appl. Phys. Lett. 1990; 57: 2302-2304.

[72] . Urisu T, Kyuragi H. Deposição e gravação de vapor químico excitado por radiação síncrotron. Jour. Vac. Sci. Technol. B 1987; 5: 1436-1440.

[73] . Matsui Y, Nakamura RNM, Okuyama M, Hamakawa Y. Crescimento a baixa temperatura de película fina de SiO2 por deposição de vapor químico foto-induzida utilizando radiação sincrotrónica. Jpn. Jpn. Appl. Phys. 1992; 31: 1972-1978.

[74] . Akazawa H, Takahashi J, Utsumi Y, Kawashima I, Urisu T. Papel do hidrogénio na evaporação estimulada por radiação sincronizada de SiO2 amorfo e Si microcristalino. Appl. Phys. Lett. 1992; 60: 974-976.

[75] . Deguchi K, Miyoshi K, Oda M, Matsuda T, Ozawa A, Yoshihara H. Extensibilidade da litografia por radiação de sincrotrão à região sub-100 nm. Jour. Vac. Sci. Technol. B 1996; 14:4294.

[76] . Makimura T, Miyamoto H, Kenmotsu Y, Murakami K, NiiNo H. Microusinagem direta de placas de vidro de quartzo utilizando raios X suaves de plasma laser pulsado. Appl. Phys. Lett. 2005; 86:

103-111.

[77] . Makimura T, Uchida S, Murakami K, NiiNo H. Nanomachining de sílica utilizando raios X suaves de plasma laser. Appl. Phys. Lett. 2006; 89: 101-118.

[78] . Spitzer RC, Orzechowski TJ, Phillion DW, Kauffmann RL, Cerjan C. Eficiências de conversão de plasmas produzidos por laser no regime ultravioleta extremo. Jour. Appl. Phys. 1996; 79:2251.

[79] . http://www.camd.lsu.edu

[80] . www.jo-mikrotechnik.com/.

[81] . J. Fluitman, "Microsystems technology: objectives", Sensors and Actuators A 56, pp. 151-166, 1996.

[82] . M. Bao e W. Wang, "Future of microelectromechanical systems (MEMS)", Sens. and Act. A 56, pp. 135-141, 1996.

[83] . J. C. Miller (Ed), "Laser ablation", Springer-Verlag, 1994.

[84] . A. Ostendorf, "The use of vacuum UV wavelengths and ultrashort pulses for machining of dielectrics", Proc. ICALEO 2000 Laser Microfabrication Conf., pp. A1-10, 2000.

[85] . M. C. Gower, "Excimer lasers: principles of operation and equipment", em "Laser Processing in Manufacturing", R. C. Crafer e P. J. Oakley (Eds), Chapman & Hall, 1994.

[86] . N. Rizvi, "Microstructuring with excimer lasers", MST News 1/99, pp. 18-21, 1999.

[87] . A. S. Holmes et al, "Developments in microengineering for the production of 3D micromachines", Proc. 8th IPES, pp. 439-442, 1995.

[88] . M. C. Gower, "Excimer lasers: current and future applications in industry and medicine", em "Laser Processing in Manufacturing", R. C. Crafer e P. J. Oakley (Eds), Chapman & Hall, 1994.

[89] . C. Rowan, "Excimer lasers drill precise holes with higher yields", Laser Focus World , agosto de 1995.

[90] . R. Pethig et al, "Development of biofactory-on-a-chip technology using excimer laser micromachining", J. Micromech. Microeng. 8, pp. 57-63, 1998.

[91] . J. Li e G. K. Ananthasuresh, "A quality study on the excimer laser micromachining of electro-thermal-compliant micro devices", J. Micromech. Microeng. 11, pp. 39-47, 2001.

[92] . W. Pfleging et al, "Laser micromachining for applications in thin film technology", Applied Surface Science 154-155, pp. 633-639, 2000.

[93] . W. Ehrfeld e D. Munchmeyer, "Método LIGA", Nuclear Instr. and Methods in Phys. Res. A303, pp. 523-531, 1991.

[94] . J. Arnold et al, "Combination of excimer laser micromachining and replication processes suited for large scale production", Applied Surface Science 86, pp. 251-258, 1995.

[95] . R. A. Lawes et al, "The formation of moulds for 3D microstructures using excimer laser ablation", Microsystem Technologies 3, pp. 17-19, 1996.

[96] . J. Heo, H. J. Kwon, H. Jeon, B. Kim, S. J. Kim e G. Lim, Nanoscale, 2014, 6, 96819688.

[97] . H. Daiguji, Chem. Soc. Rev., 2010, 39, 901-911.3 Q. Pu, J. Yun, H. Temkin e S. Liu, Nano Lett., 2004, 4, 1099-1103.

[98] . T. A. Zangle, A. Mani e J. G. Santiago, Chem. Soc. Rev., 2010, 39, 1014-1035.

[99] . J. W. van Honschoten, N. Brunets e N. R. Tas, Chem. Soc. Rev., 2010, 39, 1096-1114.

[100] . S. L. Levy e H. G. Craighead, Chem. Soc. Rev., 2010, 39,

1133-1152.

[101] . "Corte a laser, gravação a laser, marcação a laser". ulsinc.com. Recuperado em 2014-03-1

[102] . Fox, Daniel. "Gravura em metal". Boss Laser. Ray Allen. Recuperado em 31 de julho de 2014.

[103] . "Marcação a laser TherMark - Como funciona". Thermark.com. Recuperado em 2012-11-07.

[104] . Andreeta, M. R. B.; Cunha, L. S.; Vales, L. F.; Caraschi, L. C.; Jasinevicius, R. G.

(2011) . "Códigos bidimensionais gravados numa superfície de vidro de óxido utilizando um laser de CO_2 de onda contínua". Journal of Micromechanics and Microengineering. **21** (2): 025004. Bibcode:2011JMiMi..21b5004A. doi:10.1088/0960-1317/21/2/025004.

[105] . "Gravação a laser de sub-superfície". Gravação a Laser. Recuperado em 2012-11-07.

[106] . "Laser Systems - Centro de Apoio - Educação - SSLE". Laserite.com. Recuperado em 2012-1107.

[107] . "Factores-chave da serração de bolachas". Optocap. Recuperado em 14 de abril de 2013.

[108] . M. Birkholz; K.-E. Ehwald; M. Kaynak; T. Semperowitsch; B. Holz; S. Nordhoff (2010). J. Opto. Adv. Mat. **12**: 479-483.

[109] . Kumagai, M.; Uchiyama, N.; Ohmura, E.; Sugiura, R.; Atsumi, K.; Fukumitsu, K. (agosto de 2007). Fabrico de semicondutores, IEEE Transactions on. Sociedade de Tecnologia de Componentes, Embalagem e Fabrico do IEEE. **20** (3): 259-265.

[110] . E. Ohmura, F. Fukuyo, K. Fukumitsu e H. Morita (2006). "Mecanismo de formação de camadas internas modificadas em silício com laser de nanossegundos". J. Achiev. Mat. Manuf. Eng. **17**: 381-384.

[111] . M. Kumagai, N. Uchiyama, E. Ohmura, R. Sugiura, K. Atsumi e K. Fukumitsu (2007). "Tecnologia avançada de corte de bolachas semicondutoras - corte furtivo".IEEE Trans. Semicon. Manuf. **20**: 259-265. doi:10.1109/TSM.2007.901849.

[112] . "Fitas de corte de semicondutores". Fitas de corte de semicondutores. Recuperado em 14 de abril de 2013.

[113] . Produtos para DBG Process (LINTEC) http://www.lintec-usa.com/di_dbg.cfm.

[114] . D. Mukhopadhyay et al., "X-ray Photonic Microsystems for the Manipulation of Synchrotron Light", Nature Communications 6, Artigo número: 7057 (2015): doi:10.1038/ncomms8057

[115] . Solgaard, O. Photonic Microsystems, Micro and Nanotechnology Applied to Optical Devices and Systems Springer (2009).

[116] . Bhansali, S. & Vasudev, A. MEMS for biomedical applications Woodhead Publishing

[117] . B. A. et al. Advances in light microscopy for neuroscience. Annu. Rev. Neurosci. 32, 435-506 (2009).

[118] . Bishop, D. J., Giles, C. R. & Das, S. R. The rise of optical switching. Sci. Am. 284, 8894 (2001).

[119] . Wu, M. C., Solgaard, O. & Ford, J. E. Optical MEMS for lightwave communication. J. Lightw. Technol. 24, 4433-4454 (2006).

[120] . Bavdaz, M., Lumb, D. H., Peacock, A., Beijersbergen, M. & Kraft, S. Development of X- ray optics for the XEUS mission. Proc. SPIE 5539, 95-103 (2004).

[121] . Korner, M. et al. Advances in digital radiography: physical principles and system overview (Avanços na radiografia digital: princípios físicos e visão geral do sistema). Radiographics 27, 675-686 (2007).

[122] . Bei, M. et al. O potencial de um anel de armazenamento definitivo para futuras fontes de luz. Nucl. Instrum. Meth. A 622, 518-535 (2010).

[123] . Galayda, J. N., Arthur, J., Ratner, D. F. & White, W. E. X-ray free-electron lasers- present and future capabilities. J. Opt. Soc. Am. B 27, 106-118 (2010).

[124] . Plettner, T. & Byer, R. L. Microstructure-based laser-driven free-electron laser. Nucl. Instrum. Meth. A 593, 63-66 (2008).

[125] . Peralta, E. A. et al. Demonstração da aceleração de electrões numa microestrutura dieléctrica conduzida por laser. Nature 503, 91-94 (2013).

[126] . Peterson, K. E. O silício como material mecânico. Proc. IEEE 70, 420-457 (1982).

[127] . Mills, D. Fontes de Radiação Sincrotrónica de Raios X duros de Terceira Geração: Sources, Properties, Optics, and Experimental Techniques Wiley (2002).

[128] . Als-Nielsen, J. & McMorrow, D. Elements of Modern X-ray Physics 2nd Ed. 207- 237Wiley (2011).

[129] . Kubby J. A. (Ed) Adaptive Optics for Biological Imaging CRC Press (2013).

[130] . Edição especial sobre spintrónica. Nature Materials Insight 11, 367-416 (2012)

[131] . Basov, D. N., Averitt, R. D., van der Marel, D. & Dressel,, M. Eletrodinâmica de materiais com electrões correlacionados. Rev. Mod. Phys. 83, 471-541 (2011). 18.

[132] . Medina, G. M. & Rey, R. M. Modelação molecular e multiescala: revisão sobre as teorias e aplicações em engenharia química, CT&F Ciencia. Tecnologia y Futuro 3, 205223 (2009).

[133] . Moglich, A., Yang, X., Ayers, R. A. & Moffat, K. Structure and function of plant photoreceptors. Annu. Rev. Plant Biol. 61, 21-47 (2010). Artigo

[134] . Siria, A. et al. Um chopper de raios X de alta frequência baseado em MEMS. Nanotecnologia 20, 175501 (2009).

[135] . Jung, I. W., Kim, S. & Solgaard, O. Scanner MEMS de espelho de cristal fotónico de banda larga de elevada refletividade com baixa dependência do ângulo de incidência e da polarização. J.

Microelectromech. Syst. 18, 924-932 (2009).

[136] . Yagi, K., Miyamoto, N. & Nishizawa, J. Difusão anómala de fósforo em silício. Jap. J. Appl. Phys. 9, 246-254 (197023.

[137] . Cowen, A., Hames, G., Monk, D., Wilcenski, S. & Hardy, B. SOIMUMPs Design Handbook: Revisão 8.0, MEMSCAP Inc (2011).

[138] . Os modos de funcionamento do anel de armazenamento Disponível em <http://www.aps.anl.gov/Accelerator_Systems_Division/Accelerator_ Operations_Physics/SRparameters/node5.html>.

[139] . Borland, M. Progresso em direção às fontes de luz do anel de armazenamento definitivo. Proc. IPAC2012 1035-1039 (2012).

Chapter (4)

Luz síncrotron para ciência experimental e aplicações

4.1. Prefácio

O Sincrotrão - Luz para Ciências Experimentais e Aplicações no Médio Oriente (SESAME) é um laboratório independente localizado em Allan, na província de Balqa, na Jordânia, criado sob os auspícios da UNESCO em 30 de maio de 2002.

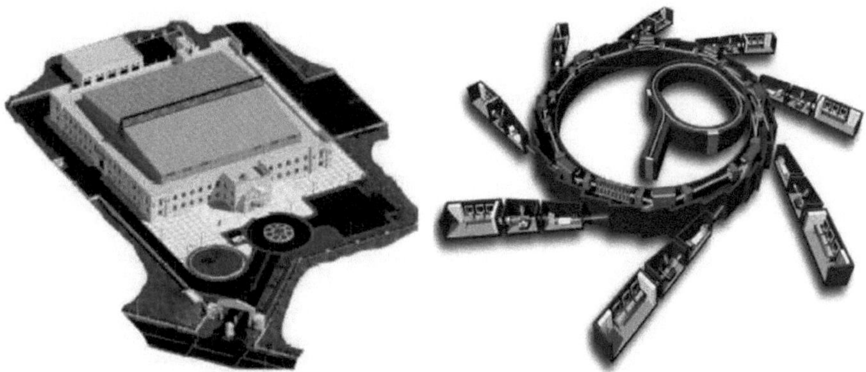

Com o objetivo de promover a paz entre os países do Médio Oriente, a Jordânia foi escolhida para instalar o laboratório, uma vez que era o único país que mantinha relações diplomáticas com todos os outros membros fundadores: Barém, Chipre, Egipto, Irão, Israel, Paquistão, Palestina e Turquia. O projeto foi lançado em 1999 e a cerimónia de lançamento da primeira pedra teve lugar em 6 de janeiro de 2003. Os trabalhos de construção começaram em julho do ano seguinte, estando a sua conclusão prevista para 2015 [1]. No entanto, obstáculos financeiros e de infra-estruturas técnicas obrigaram a atrasar o projeto. O laboratório será inaugurado em 16 de maio de 2017, com o patrocínio e a presença do Rei Abdullah II [2].

O projeto custou cerca de 90 milhões de dólares, dos quais 5 milhões foram doados pela Jordânia, Israel, Turquia, Irão e União Europeia [3]. O restante foi doado pelo CERN a partir de equipamento existente [3]. A Jordânia tornou-se o maior contribuinte para o projeto ao comprometer-se a construir uma central de energia solar no valor de 7 milhões de dólares; isto fará do SESAME o primeiro acelerador do mundo a ser alimentado por energia renovável [3]. Os custos operacionais anuais de 6 milhões de dólares são assumidos pelos membros de acordo com a dimensão das suas economias.

Em maio de 2017, o presidente do Conselho SESAME (desde 2008) é Christopher Llewellyn Smith, presidente do Conselho ITER e antigo diretor-geral do CERN. O primeiro presidente do Conselho SESAME (2004-2008) foi Herwig Schopper, antigo diretor-geral do CERN. Khaled Toukan, presidente da Comissão de Energia Atómica da Jordânia, foi um antigo vice-presidente do SESAME [4].

4.2. Antecedentes

Um sincrotrão é um tipo particular de acelerador de partículas cíclico, em que o objetivo é acelerar os electrões em torno de um circuito fixo, em vez de os fazer colidir [2]. Este processo emite uma luz poderosa - a luz de sincrotrão - que pode ser utilizada para estudar as propriedades de diferentes materiais, desde vírus a semicondutores exóticos [2]. Tem várias aplicações nos domínios da biologia, da química e até da arqueologia. A partir de 2017, existem cerca de 60 fontes de luz deste tipo no mundo [2].

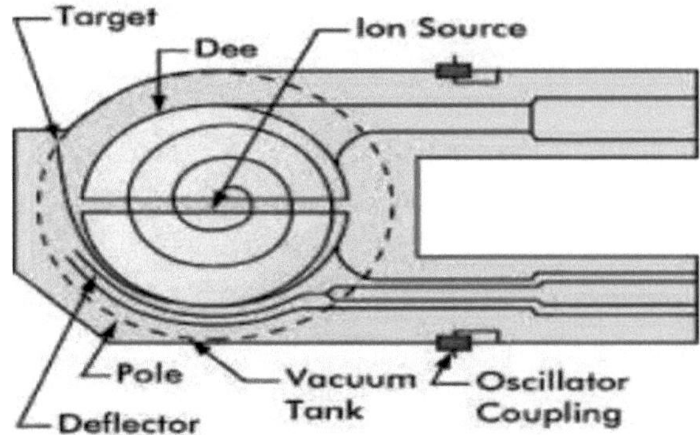

O CERN, também conhecido como Organização Europeia para a Investigação Nuclear, foi criado pela UNESCO em 1954. O seu objetivo era desenvolver a cooperação entre os países europeus após o fim das hostilidades da Segunda Guerra Mundial [2]. Os cientistas que tiveram a ideia do SESAME inspiraram-se no sucesso do CERN e propuseram a ideia de promover a paz regional através da ciência logo após os Acordos de Oslo de 1993, um processo de paz israelo-palestiniano. Os cientistas criaram um Comité Científico do Médio Oriente, nomeado por eles próprios, que convocou a sua primeira reunião em novembro de 1995 no Sinai, Egipto [2].

A Jordânia foi escolhida como local de implantação do laboratório por ser o único país que mantinha relações diplomáticas com todos os outros membros fundadores: Barém, Chipre, Egipto, Irão, Israel, Paquistão, Autoridade Palestiniana e Turquia.[3] O plano original do SESAME era reutilizar a antiga instalação BESSY I, que tinha sido desactivada na Alemanha [2]. No entanto, em 2002, os cientistas decidiram que deveria ser desenvolvido um novo conceito [5]. O BESSY foi desmantelado e enviado para a Jordânia, tornando-se a primeira fase de um novo e potente anel de armazenamento de 2,5 GeV [2]. Em 2003, o Rei Abdullah II da Jordânia deu instruções ao seu governo para doar um terreno em Allan, 30 km a noroeste de Amã, para o projeto [3].

O Dr. Masoud Alimohammadi e o Dr. Magid Shahriari, dois membros iranianos do SESAME, foram mortos em dois ataques terroristas diferentes, pelos quais um procurador iraniano acusa a Mossad israelita em 2010 [6, 7]. O telhado do laboratório ruiu durante a vaga de frio de 2013 no Médio Oriente devido a uma forte queda de neve, o que provocou atrasos [2].

Embora a instalação atual tenha espaço para sete feixes de luz, atualmente só existem dois [2]. O primeiro feixe é um feixe de raios X que será utilizado para estudar a poluição no Vale do Jordão, entre outras coisas. O segundo feixe fornece radiação infravermelha para um microscópio que estudará tecidos biológicos, incluindo células cancerígenas. Os restantes estão planeados para mais tarde, estando o terceiro feixe, uma fonte de raios X utilizada em cristalografia, previsto para finais de 2017 [2].

O projeto custou cerca de 90 milhões de dólares, dos quais 5 milhões foram doados pela Jordânia, Israel, Turquia, Irão e União Europeia [2]. O restante foi doado pelo CERN a partir de equipamento existente. A Jordânia tornou-se o maior contribuinte para o projeto ao comprometer-se a construir uma central de energia solar no valor de 7 milhões de dólares, o que fará do SESAME o primeiro acelerador do mundo a ser alimentado por energia renovável. Os custos operacionais anuais de 6 milhões de dólares são assumidos pelos membros de acordo com a dimensão das suas economias.

Numa entrevista publicada em 2009, o físico Herman Winick referiu que o nome SESAME foi cunhado para designar o abre-portas, a especiaria (que é frequentemente associada ao Médio Oriente) e o programa de televisão infantil, e que o significado Synchrotron-Light for Experimental Science Applications in the Middle East foi formulado para corresponder ao acrónimo [8].

4.3. Conceção

A máquina funciona em quatro fases [9]:

4.3.1. Microtron

O microtrão acelera os electrões até à energia de 22,5 MeV e injecta-os no propulsor. Ficou totalmente operacional em novembro de 2011 [10].

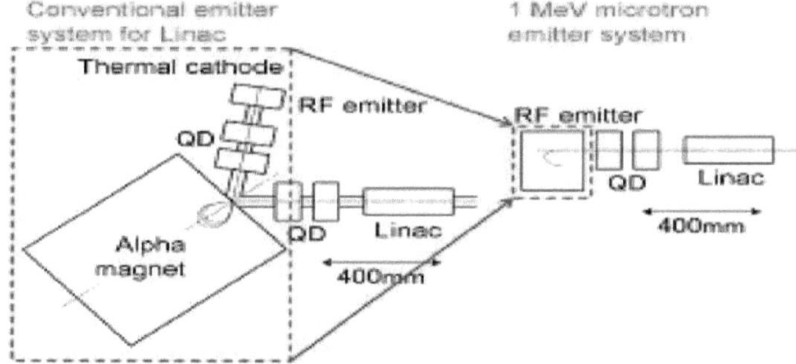

4.3.2. Sincrotrão de reforço

O sincrotrão de reforço recebe os electrões do microtrão e acelera-os até 800 MeV, para os injetar no anel de armazenamento.

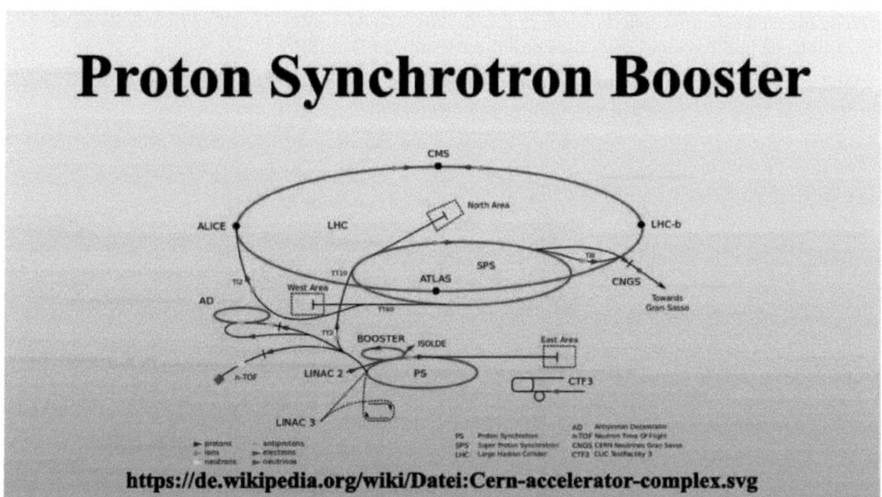

4.3.3. Anel de armazenamento

O anel de armazenamento acelera os electrões até 2,5 GeV e mantém-nos em circulação durante duas horas. À medida que os electrões circulam à volta do anel de armazenamento, emitem raios X. A energia perdida é reposta à medida que o feixe viaja através de cavidades de radiofrequência ao longo do anel.

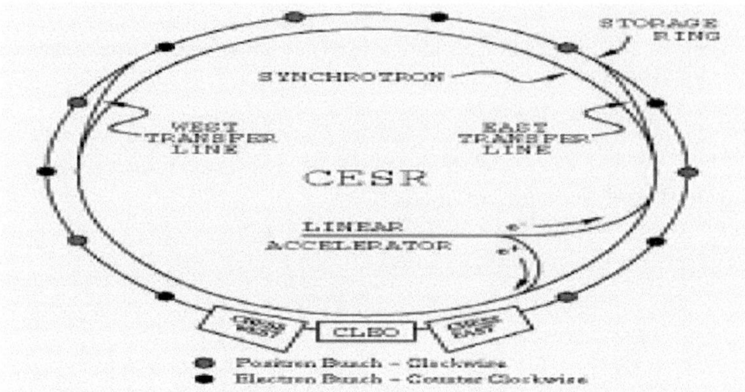

4.3.4. Linhas de feixe

Os raios X do anel de armazenamento são direccionados para as linhas de luz, onde são realizadas experiências de investigação.

- BASEMA (Beamline for Absorption Spectroscopy for Environmental and Material Applications), uma linha de luz para espetroscopia de estrutura fina de absorção de raios X (XAFS) e fluorescência de raios X (XRF), a linha de luz "day-one" que estará pronta em março/abril de 2017
- EMIRA (ElectroMagnetic Infrared RAdiation) para IR (Infrared Spectromicroscopy), é a segunda linha de luz do "dia um", neste caso a que entrará em funcionamento em abril/maio de 2017
- SUSAM (SESAME USers Application for Materials Science) ou Ciência dos Materiais (MS), a concluir no final do terceiro trimestre de 2017
- MX (Cristalografia Macromolecular), a linha de luz a ser concluída em 2019
- Linha de feixe de raios X suaves
- SAXS/WAXS (dispersão de raios X de ângulo pequeno e ângulo largo)
- Linha de feixe de tomografia.

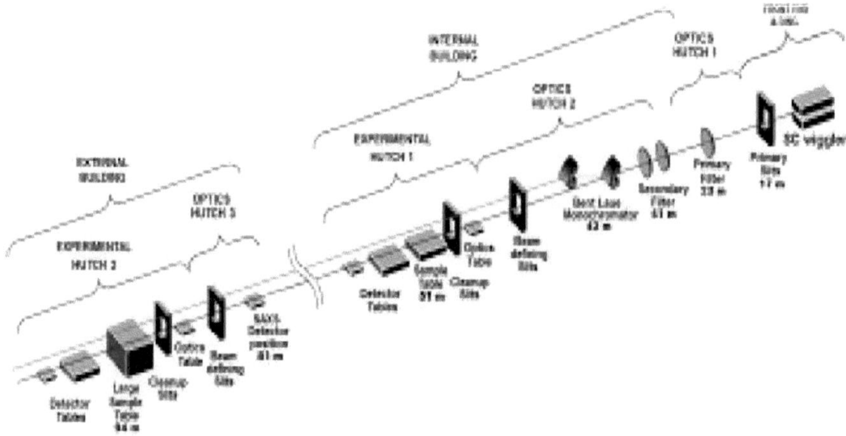

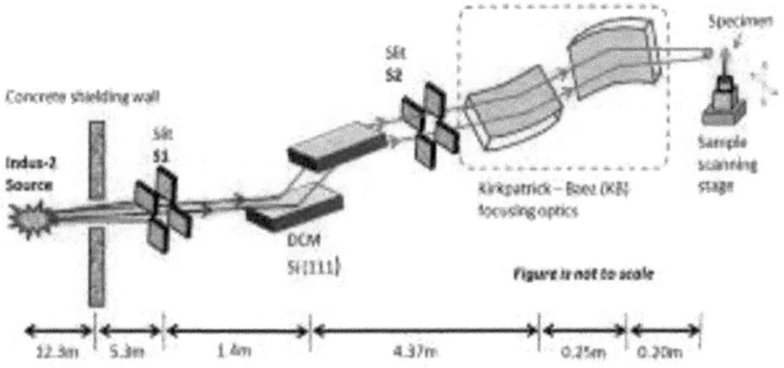

4.4. Open Seasame: Projeto de acelerador de partículas aproxima o Médio Oriente

Na pacata cidade de al-Balqa, na encosta, não muito longe do Vale do Jordão, está a ganhar forma um grande projeto. O novo acelerador de partículas do Médio Oriente - o Synchrotron-Light for Experimental Science and Applications, ou Sesame - está a ser construído **[11, 12]**.

Numa região assolada pela violência, pelo extremismo e pela desintegração dos Estados-nação, Sesame parece um mundo à parte; a paz meditativa da paisagem circundante desmente as fases avançadas de construção no interior do local, que deverá ser formalmente inaugurado na próxima primavera, com as primeiras experiências a terem lugar já no outono. É um milagre que tenha conseguido arrancar. Os membros do Sesame são o Irão, o Paquistão, Israel, a Turquia, Chipre, o Egipto, a Autoridade Palestiniana, a Jordânia e o Bahrein. O Irão e o Paquistão não reconhecem Israel, nem a Turquia reconhece Chipre, e todos têm as suas inúmeras querelas diplomáticas.

O Irão, por exemplo, continua a participar apesar de dois dos seus cientistas envolvidos no projeto, o físico quântico Masoud Ali Mohammadi e o cientista nuclear Majid Shahriari, terem sido assassinados em operações atribuídas à Mossad de Israel.

Com 130 metros de diâmetro, o acelerador de partículas do Sesame é menor do que o Grande Colisor de Hádrons, a imensa estrutura na Suíça que, no ano passado, detectou a "partícula de Deus", também conhecida como Bóson de Higgs, uma partícula elementar que dá massa a outras partículas fundamentais. Mas o projeto é sofisticado e poderá ter muitas aplicações e oferecer oportunidades de investigação a uma região que há muito se debate com défices de financiamento e falta de vontade política para o avanço da ciência.

O Sesame é um sincrotrão - um grande dispositivo que acelera os electrões em torno de um tubo circular, guiado por ímanes e outros equipamentos, próximo da velocidade da luz. Isto gera radiação que é filtrada e flui através de linhas de feixe - essencialmente tubos longos nos quais são colocados instrumentos para recolher a radiação e realizar as várias experiências. Os cientistas do Sesame planeiam abrir o sincrotrão com três linhas de feixe principais, embora o projeto possa albergar até 20. A primeira é um feixe de raios X que, segundo os cientistas, pode ser utilizado para analisar amostras de solo e partículas de ar, identificando contaminantes no ambiente, bem como, potencialmente, as suas fontes, numa região que sofre de elevados níveis de poluição.

A segunda será uma linha de luz infravermelha, que permitirá aos investigadores estudar células e tecidos vivos. Alguns testes preliminares no centro centraram-se no estudo da evolução das células do cancro da mama, abrindo potencialmente caminhos que ajudariam a uma deteção muito mais precoce. Por outro lado, a última linha de luz, atualmente em construção, será utilizada na cristalografia de proteínas, uma técnica que permitirá aos cientistas, entre outras aplicações, estudar mais profundamente a estrutura dos vírus e desenvolver medicamentos mais eficazes para os combater.

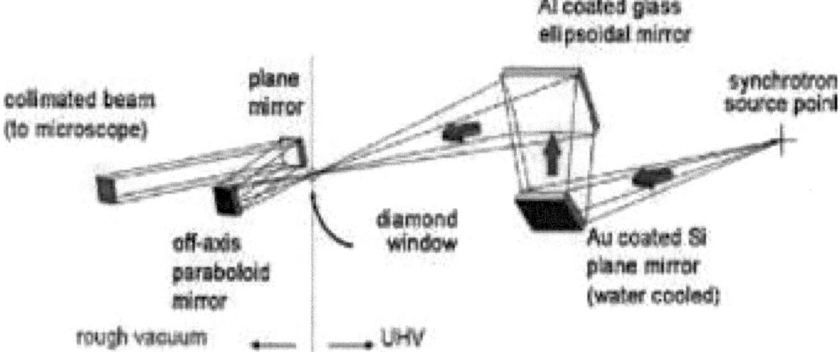

Paolucci espera também acrescentar uma linha de luz de imagem - que tem uma série de utilizações, desde permitir aos investigadores estudar artefactos arqueológicos com maior precisão e sem ter de os transportar para fora da região, até fotografar coisas tão subtis como os movimentos musculares de uma mosca.

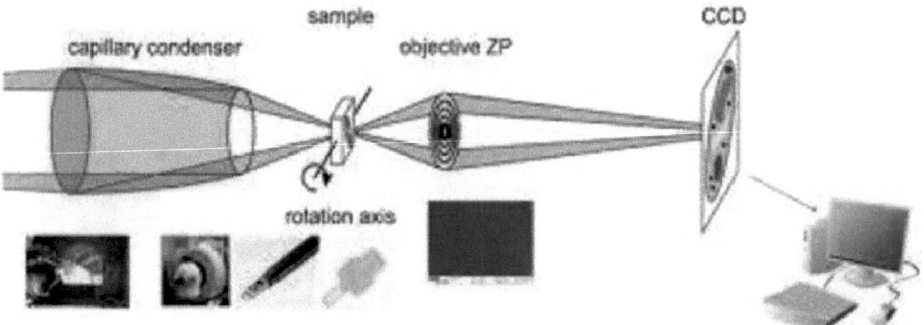

Os arqueólogos italianos utilizaram as linhas de luz de imagem em projectos tão complexos como o estudo de manuscritos queimados enterrados na cidade de Herculano após a lendária erupção do Monte Vesúvio, permitindo-lhes identificar as letras gregas nos manuscritos sem terem de os desdobrar e arriscar a sua desintegração. Para além disso, os criadores do Sesame esperam que o programa estimule o progresso científico numa região há muito assolada por conflitos e disputas, oferecendo acesso a recursos que são abundantes no Ocidente mas limitados no Médio Oriente, permitindo que cientistas, quer de Israel quer do Irão, se juntem para estudar os elementos fundamentais da natureza.

Os Estados-Membros esperam também limitar parte da fuga de cérebros da região, que está a levar os jovens para instalações de investigação no estrangeiro, bem como beneficiar dos conhecimentos especializados que adquirem com as experiências que terão lugar.

Enquanto Paolucci percorria o enorme pavilhão que alberga o acelerador de partículas, parou para observar o intrincado equipamento e a máquina que estava a tomar forma perante os seus olhos.

4.4.1. O SESAME Synchrotron abre para os utilizadores

Uma instalação científica concebida para promover a colaboração no Médio Oriente está finalmente aberta, após 15 anos de construção. O Laboratório de Luz Sincrotrónica para Ciências Experimentais e Aplicações no Médio Oriente (SESAME) foi oficialmente inaugurado ontem pelo Rei Abdullah II da Jordânia numa cerimónia realizada nas instalações do laboratório perto de Amã, na Jordânia. O SESAME é uma fonte de luz sincrotrónica de terceira geração e será utilizado pelos cientistas da região para uma série de experiências, desde a física da matéria condensada à biologia [13].

O sincrotrão, que tem uma circunferência relativamente pequena de 133 m, possui um anel de pré-reforço de 800 MeV que envia um feixe de electrões para o anel de armazenamento principal que, por sua vez, aumenta as suas energias para 2,5 GeV - um feito que foi alcançado pela primeira vez em 27 de abril - com as partículas a produzirem então feixes intensos e monocromáticos de raios X. Durante o ano passado, a construção acelerou com o anel de armazenamento do núcleo, montado com ímanes construídos pelo laboratório de física de partículas do CERN, perto de Genebra. Inicialmente, duas linhas de feixe estarão abertas aos utilizadores, podendo ser acrescentadas mais linhas numa data posterior.

4.4.2. Arranque harmónico

O físico suíço Albin Wrulich, que preside ao Comité Técnico Consultivo do SESAME, salienta que o SESAME está atualmente a passar por uma fase de "condicionamento" que inclui o ajuste da pressão e a limpeza da superfície da câmara de vácuo. "O desempenho da máquina é excelente", diz Wrulich, acrescentando que a equipa local fez um "trabalho fantástico" na construção do sincrotrão. Segundo ele, as duas primeiras linhas de luz podem agora ser ligadas, o que permite um arranque "harmónico".

O SESAME tem oito membros - Chipre, Egipto, Irão, Israel, Jordânia, Paquistão, Autoridade Palestiniana e Turquia - e os proponentes do sincrotrão esperam que este promova a capacidade científica regional e a colaboração amigável entre cientistas de diferentes países. O físico Chris Llewellyn Smith, antigo diretor-geral do CERN, que termina hoje a sua presidência de oito anos do Conselho do SESAME, afirma que, em março, o SESAME recebeu 55 propostas de experiências para o primeiro tempo de feixe. "Isto mostra que o SESAME não vai ser subutilizado", afirma. "Existe uma procura real".

Llewellyn Smith acrescenta que os países da região cujos investigadores utilizam o SESAME devem considerar a possibilidade de aderir, enquanto os investigadores de países com sincrotrões devem convidar os investigadores da região a juntarem-se a eles ou dar instruções aos cientistas locais sobre as técnicas de sincrotrão. "O SESAME, à semelhança de todos os sincrotrões do mundo, terá uma política de portas abertas", acrescenta.

4.4.3. À prova de futuro

Os responsáveis do SESAME estão mesmo a planear actualizações para o futuro próximo. Wrulich diz que já há interesse em atualizar o booster da máquina de 800 MeV para 2,5 GeV, o que permitiria ao anel de armazenamento sustentar um feixe consistentemente intenso. O governo italiano também avançou com apoio financeiro para uma casa de hóspedes do SESAME, e Llewellyn Smith espera que o contrato de construção seja finalizado em breve.

Entretanto, um programa da União Europeia para apoiar os esforços de energia renovável no Médio Oriente levou a Jordânia a atribuir 7 milhões de dólares desta ajuda à construção de uma fonte de energia solar para o SESAME. Llewellyn Smith afirma que se trata de um avanço para o SESAME, uma vez que os custos aumentariam acentuadamente com o acréscimo de linhas de feixe e de utilização, e espera que a fonte solar, que será ligada à rede da Jordânia, esteja operacional no início de 2018, tornando o SESAME único no facto de ser inteiramente alimentado por energias renováveis.

"É uma grande satisfação, ao fim de muitos anos, ver o que eram apenas sonhos ou esperanças ultrapassar inúmeras barreiras e aqui estamos nós", diz Llewellyn Smith. "É apenas o fim do princípio, não temos todas as linhas de luz que queremos, não temos todas as instalações, mas a máquina está a funcionar e a ciência está prestes a começar."

4.5. Referências

[1] Shukman, David (26 de novembro de 2012). Notícias: Ciência e ambiente. BBC.

[2] Dennis Overbye (8 de maio de 2017). The New York Times. Recuperado em 8 de maio de 2017.

[3] . "SESAME: Um novo acelerador da ciência e da paz no Médio Oriente". World Crunch. 3 de março de 2017. Recuperado em 8 de maio de 2017.

[4] . "Presidentes/Vice-Presidentes do Conselho". SESAME. Recuperado em 8 de maio de 2017.

[5] . "Um acelerador de partículas no Médio Oriente". The Economist. 24 de dezembro de 2016. Recuperado em 8 de maio de 2017.

[6] . Cientista iraniano assassinado ligado à UNESCO, Channel 4 News, 29 de novembro de 2010

[7] . Homem declara-se culpado de assassinar cientista nuclear iraniano, The Guardian, 23 de agosto de 2011

[8] . Sigfried, Tom (2009), "SESAME opens doors to international collaboration", Science News, Washington, DC: Science News Service (publicado em 17 de janeiro de 2009), 175(2), p. 32, consultado em 8 de maio de 2017

[9] . "Visão geral esquemática do SESAME" (PDF). Recuperado em 9 de maio de 2017.

[10] . "SESAME" (luz síncrotron para ciências experimentais e aplicações no Médio Oriente), recuperado em 9 de maio de 2017.

[11] . SESAME (Synchrotron light for Experimental Science and Applications ...maio 2017, www.laserfocusworld.com ' Página inicial ' Mais artigos sobre Lasers e Fontes.

[12] . Centro Internacional de Luz Sincrotrónica para a Ciência Experimental ...

www.unesco.org/..sciences../international-centre-for-synchrotron-light-for-experime...

[13] . Síncrotron SESAME aberto aos utilizadores - Physics World

physicsworld.com/cws/article/news/2017/may/.../sesame-synchrotron-opens-for-users

Chapter (5)

Nova geração de fontes de luz: Presente e futuro

5.1. Introdução

Diferentes tipos de fontes de luz para a investigação da matéria [1-4] são adequados para aplicações no domínio VUV-X. O laser de raios X e a geração de harmónicos de alta ordem no gás (HHG) [5, 6] ou em alvos sólidos [7] tiram partido das propriedades de emissão de luz da matéria. Recentemente, a utilização de impulsos laser únicos de poucos ciclos no infravermelho médio permitiu fornecer radiação sintonizável para energias superiores a keV com uma duração de alguns atto-segundos [8]. A radiação sincrotrónica de fontes de luz de terceira geração e os lasers de electrões livres (FEL) [9] baseiam-se na radiação sincrotrónica gerada por partículas carregadas em ímanes de flexão ou onduladores, criando um campo magnético permanente periódico [10]. A coerência transversal parcial é proporcionada pelo baixo valor da emitância (produto do tamanho do feixe pela sua divergência) e está atualmente em curso a procura de anéis de armazenamento finais para melhorar a coerência para aplicações de imagiologia. A coerência longitudinal é obtida nos FEL [11] **colocando** os electrões em fase, graças a uma troca de energia entre os electrões e uma onda luminosa (a emissão espontânea ou uma semente externa) que resulta em agrupamento. Atualmente, o LCLS (Stanford, EUA) [12] e o SACLA (Harima, Japão) [13] são fontes sintonizáveis de raios X de femto-segundo na gama espetral de 1-0,1 nm, com energias até vários mJ, operando no regime de emissão espontânea auto-amplificada. Em complemento a estes, o FLASH [14], o acelerador de ensaio SCSS [15] e o FERMI [16] estão a funcionar na região XUV, sendo o FERMI o primeiro FEL semeado aberto aos utilizadores. O HHG é também utilizado como semente para FEL ou lasers de raios X **[17]**. Além disso, a aceleração Wakefield a laser [18] está a desenvolver-se rapidamente e já é possível gerar radiação sincrotrão (a chamada radiação betatrónica [19]) graças ao campo iónico ou por dispersão de Thomson [20]. Pode ainda considerar-se a possibilidade de criar um laser de electrões livres utilizando estes feixes de electrões, desde que haja uma manipulação adequada do feixe através do transporte para o ondulador [21]. Os futuros desenvolvimentos destas várias fontes, incluindo a interação entre elas, têm agora como objetivo produzir radiação com propriedades mais versáteis, e serão brevemente discutidos.

5.2. Lasers HHG e de raios X

A geração de harmónicas de alta ordem em gases surgiu no final dos anos oitenta [5, 6]. Um feixe de laser intenso é focado num gás raro (como o Xe, Ar, Ne...) a partir de uma célula de um jato, produzindo um feixe harmónico constituído por harmónicas ímpares. O forte campo laser permite a ionização em túnel dos electrões, que são então acelerados e difundidos no potencial atómico e se recombinam em harmónicos emissores. A energia de corte é determinada pelo potencial de ionização dos átomos (21,6 eV para o Ne, 24,6 eV para o He) e pela energia motriz do ponderador, que aumenta com o quadrado do comprimento de onda do laser e diminui com pulsos de maior duração.

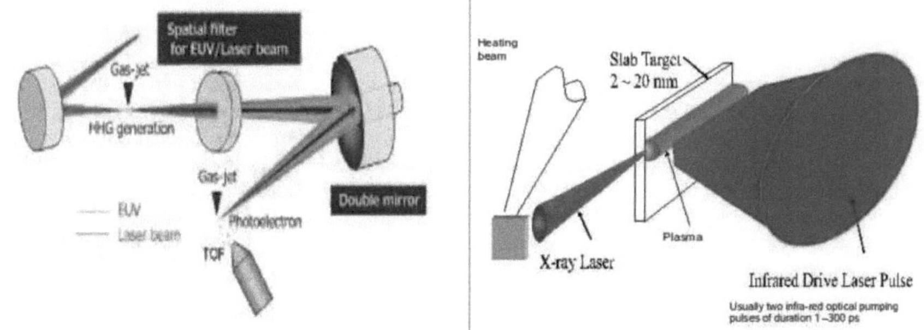

Para além da alteração do comprimento de onda através da passagem de um harmónico para outro, foi primeiro conseguida uma maior sintonização tirando partido da própria sintonização do laser, obtendo-se uma sintonização total de 220 nm a 8 nm com um laser de bomba de 1,1 a 1,6 µm (laser Ti:Sa acoplado a um amplificador paramétrico ótico) [22], uma sintonização de ~70% de 180 a 18 nm através da mistura de frequências [23], através do ajuste da energia do laser e do chirp [24]. Mais tarde, é possível obter uma maior afinabilidade utilizando um laser de comprimento de onda longo e impulsos de poucos ciclos, como descrito mais adiante.

O comprimento de onda do HHG tem vindo a diminuir gradualmente. A janela da água foi atingida no final dos anos noventa, com 2,7 nm (460 eV) em He no 221º harmónico, e com 5,2 nm (239 eV) em Ne a partir de um laser de 800 nm, 26 fs [25]. 7,75 nm (160 eV) foram produzidos em Ar com um OPA [26]. Em seguida, 0,95 nm (1,3 keV) foi emitido por um laser de 720 nm, 5 fs, 0,2 TW a 1 kHz em He [27]. O casamento de fases permitiu então aumentar a intensidade de HHG em comprimentos de onda curtos, a 4,4 nm com quase-casamento de fases, modulando periodicamente o diâmetro de um guia de ondas oco cheio de gás com um laser Ti-Sa de 1 kHz, 22 fs, 1-3 mJ [28], e a 4,37 nm com 10 nJ/pulso com quase-casamento de fases num capilar de Ar [29].

No domínio temporal, o HHG gerou normalmente trens de attossegundos num envelope de femtossegundos [30]. Os impulsos de attossegundos resultam da interferência do pacote de ondas retropropulsado pelo campo laser intenso após a ionização com o campo ligado. Os impulsos de attossegundo podem ser controlados confinando temporariamente os fotões a uma única explosão, de acordo com a fase do campo elétrico do laser. Foi conseguido um controlo de 250 as com um laser de 5 fs, 0,5 mJ, 1 kHz, 750 nm linearmente polarizado num meio de gás Ne de 2 mm [31]. Em seguida, foram gerados 80 impulsos de atto-segundo no XUV a 110 eV com um laser linearmente polarizado de 3,3 fs (1,5 ciclos), 720 nm, com dois jactos subsequentes de átomos de Ne gasoso, sendo o segundo utilizado para a deteção [32]. Pulsos isolados de atto-segundos podem também resultar da polarização, tirando partido da forte sensibilidade do HHG à elipticidade do campo fundamental (máxima para polarização linear). Um laser que só é polarizado linearmente durante um curto período de tempo (caso contrário, é polarizado elipticamente) permite confinar temporalmente a emissão. Os impulsos de attossegundos foram isolados desta forma, utilizando um impulso de 5 fs estabilizado por uma fase de envelope portador (CEP), combinado com placas birrefringentes que produzem uma porta de polarização mais curta do que meio período de laser [33].

A energia de corte foi aumentada utilizando lasers de infravermelhos médios e condutores de impulsos mais curtos. De facto, foram atingidos 7,75 nm (160 eV) em Xe utilizando um laser CEP de 0,8-1,8 µm com uma duração de impulso de 11-73 fs [34]. Sendo os harmónicos muito próximos uns dos outros, é emitido um quase-contínuo. Um aumento notável em torno de 95 eV resulta da ressonância gigante no xénon (correlação multielectrão após a etapa de recombinação em HHG). Além disso, no domínio temporal, obtêm-se impulsos de quase um attossegundo. Além disso, a radiação é produzida para além do nanómetro, com 0,77 nm (1,6 keV) gerados em hélio de alta pressão com um ciclo de 6 0,83,9 µm [35] com correspondência de fase. Neste caso, a transformada de Fourier do espetro medido sugere que o impulso de raios X duraria apenas 2,5 attosegundos, desde que o chirp seja compensado. As HHG apresentam um elevado nível de coerência transversal, tal como demonstrado por várias medições, tais como o bi-interferómetro de Fresnel [36] e as fendas de Young [37, 38]. Por exemplo, os HHG podem oferecer uma divergência de 0,35 mrad com impulsos de 25 nJ a 13,5 nm com gás Ne, e de 0,3 mrad com impulsos de 1 nJ a 8,9 nm em He [39].

Os HHG têm sido normalmente produzidos com laser padrão, sem um esforço específico no sentido de uma taxa de repetição elevada. No entanto, foram efectuadas algumas medições com lasers Ti-Sa de 1 kHz, tais como $5{,}10^{10}$ ph/pulso a 20-32 nm em Ar com um laser de 5 mJ, 1 kHz [40], 10^{10} ph/pulso (50 nJ) a 20-32 nm em Árgon com um laser de 7 mJ, 1 kHz [41], ou 90 nJ a 30 nm [42]. O HHG intra-cavidade permite atingir a taxa de repetição de MHz, com uma potência típica de 100 nW [43]. Foram também utilizados lasers de fibra, que fornecem $7{,}9 \times 10^{11}$ ph/pulso a 17 nm, com um laser de 100 kHz e 100 µJ [44]. Estão em curso desenvolvimentos para aumentar a taxa de repetição e a potência de saída dos lasers de fibra, através do melhoramento da cavidade [45] e do bloqueio de fase dos amplificadores de fibra [46], o que permite esperar um futuro brilhante para os lasers de fibra [47]. Em geral, o HHG apresenta uma polarização linear. No entanto, a polarização elíptica pode ser produzida em HHG a partir de moléculas alinhadas, resultando da diferença de fase entre os componentes paralelos e perpendiculares do dipolo (devido ao potencial de Coulomb não isotrópico, a onda eletrónica de colisão difere de uma onda plana, levando a uma dinâmica orbital múltipla) [48, 49] ou a uma dinâmica orbital múltipla.

Foram envidados esforços para melhorar a eficiência do HHG, modificando a resposta atómica através da alteração do campo elétrico de condução (e, por conseguinte, quebrando a simetria entre meios ciclos consecutivos). A adição de um segundo campo harmónico permite gerar harmónicos pares e ímpares [50, 51]. A adição do terceiro campo harmónico conduz a um aumento da eficiência por um fator de 10 [52]. A adição de harmónicos de baixa ordem abaixo do limiar (10 nJ) numa configuração de célula de gás dupla conduz a um aumento da energia HHG e a uma maior gama espetral [53]. A última configuração também pode ser vista como um HHG semeado com HHG.

Podem também ser gerados harmónicos de ordem elevada a partir de alvos sólidos. Um impulso laser intenso interage com uma fronteira plasma-vácuo quase descontínua, de modo que o campo elétrico do laser pode acoplar-se eficazmente à superfície do plasma. Em consequência, os electrões oscilam em fase, actuando como um espelho relativista que oscila à frequência do laser. Uma função temporal do ciclo do laser ótico incidente corresponde à posição desta superfície de espelho. A fase da onda de luz reflectida é modulada, deixa de ser sinusoidal e leva à emissão de um conteúdo harmónico de ordem elevada. Foi eficazmente produzida radiação até 3,3 Â (3,8 KeV) na 3200ª harmónica [54-56].

Os lasers de raios X, que se baseiam na inversão da população por colisão de iões de electrões num plasma quente altamente ionizado, funcionam no modo de amplificação da emissão espontânea (ASE) [57]. A sintonização é feita passo a passo e a duração do impulso é normalmente de 100 ps [58]. A sementeira pode melhorar significativamente o desempenho destes lasers de raios X: A sementeira de HHG permite aumentar a divergência e a intensidade de emissão [59], ao passo que a sementeira com o laser de electrões livres conduz a um laser de raios X de 1,46 nm de casca interna [60].

5.3. Lasers de electrões livres

Com um FEL, a radiação gerada não se baseia apenas na radiação espontânea de sincrotrão emitida no ondulador: uma onda luminosa de comprimento de onda λ interage com o feixe de electrões no ondulador, induzindo uma modulação energética dos electrões; que é gradualmente transformada em modulação de densidade em λ, os electrões em fase emitem então coerentemente emissões em λ e nos seus harmónicos de ordem n. A consequente interação onda luminosa-eletrão conduz, em certas condições, a uma amplificação da luz em detrimento da energia cinética dos electrões. O ganho do pequeno sinal é proporcional à densidade eletrónica e varia como $1/\gamma^3$, dependendo do comprimento do ondulador. A saturação resulta do facto de a condição de ressonância entre a luz e a radiação do ondulador deixar de ser satisfeita, uma vez que o eletrão perdeu demasiada energia, ou de um aumento da dispersão de energia [61, 62]. Além disso, a luz viaja ligeiramente mais rápido do que os electrões (deslizamento), a luz desliza sobre um comprimento de onda por um período do ondulador (deslizamento); e pode também escapar do grupo de electrões para onduladores curtos e bastante longos.

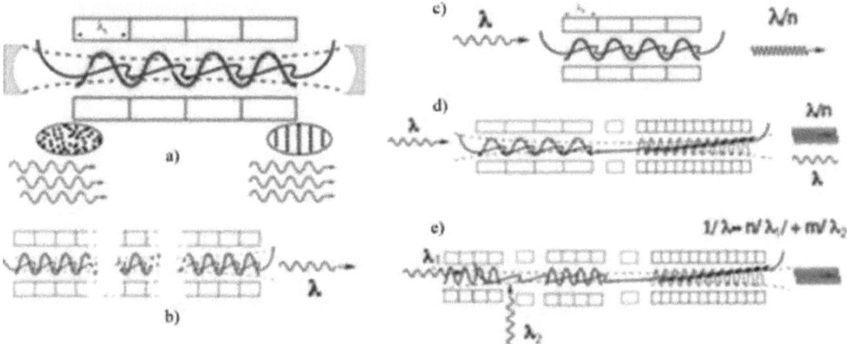

Configurações de laser de electrões livres

- **(a) caso do oscilador com uma cavidade ótica que permite armazenar a emissão espontânea, - (b) emissão espontânea auto-amplificada (SASE) em que a emissão espontânea emitida no início do ondulador é amplificada numa única passagem,**
- **(c) Semeadura, em que uma fonte coerente sintonizada no comprimento de onda ressonante do ondulador permite efetuar eficientemente a troca de energia que conduz ainda à modulação da densidade,**
- **(d) Geração de harmónicas de ganho elevado; e**
- **(e) Geração de harmónicas com eco (EEHG).**

Os FEL podem ser implementados em diferentes tipos de aceleradores para fornecer o feixe de electrões. Os anéis de armazenamento fornecem feixes de electrões bastante longos (10-30 ps) devido à recirculação do feixe de electrões e a emitância é proporcional ao quadrado da energia do feixe de electrões. Os aceleradores lineares, máquinas de passagem única, fornecem cachos bastante curtos, com uma duração de 10 fs-10 ps, de interesse para a produção de fontes de impulsos ultra-curtos e para densidades elevadas de feixes de electrões. A emitância é também proporcional ao inverso da energia, permitindo atingir fontes no limite de difração para energias elevadas de feixes de electrões necessárias para o funcionamento com comprimentos de onda curtos. O linac de recuperação de energia combina as vantagens dos dois tipos de aceleradores anteriores, com impulsos curtos, poucas voltas de recirculação e recuperação de energia para poupar no consumo de energia. Tanto para os FEL como para os ERL baseados em linac, são atualmente utilizados fotoinjectores RF. A procura de baixa emitância, feixes curtos e corrente elevada pode levar a condições em que os efeitos de carga espacial [63] são limitantes. Para além dos estudos de processos elementares [64], os estudos de canhões RF indicam que uma distribuição uniforme de fotoelectrões a partir do cátodo contido num elipsoide é óptima no caso de um feixe dominado pela carga espacial, uma vez que as forças são lineares e o crescimento da emitância induzido por essas forças é reversível e, consequentemente, pode ser compensado [65].

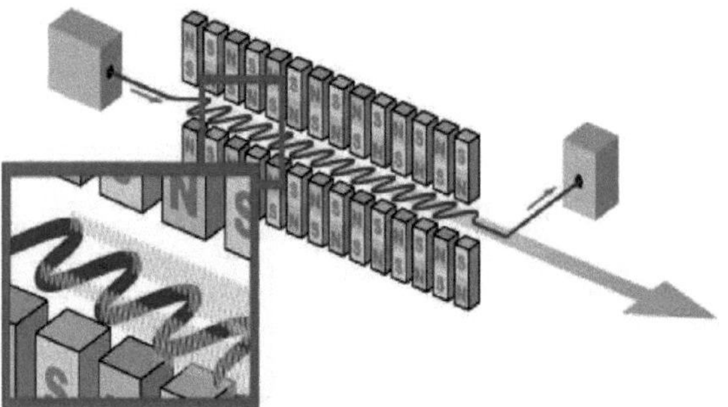

A sintonização do laser, uma das principais vantagens das fontes FEL, é obtida através da simples modificação do campo magnético do ondulador numa determinada gama espetral definida pela energia do feixe de electrões. O funcionamento a comprimentos de onda curtos exige energias de feixe elevadas para atingir o comprimento de onda de ressonância e, por conseguinte, onduladores longos (100 m de alcance para 1 Å) e uma elevada densidade do feixe de electrões (pequena emitância e feixes curtos) para garantir um ganho suficiente.

A polarização depende da configuração do ondulador. Pode ser facilmente alterada de linear para circular, utilizando dispositivos APPLE-II ou DELTA.

Os diferentes FEL de comprimento de onda curto implementados em todo o mundo. Nos FELs, podem ser utilizadas diferentes configurações (oscilador, emissão espontânea auto-amplificada, semeadura, eco).

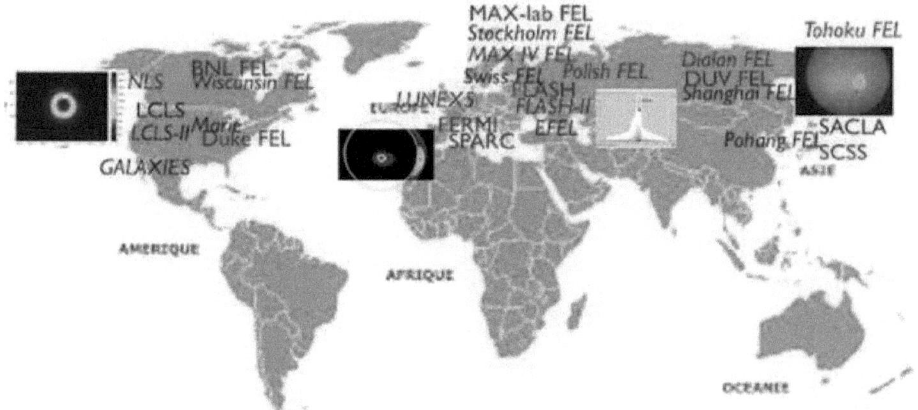

Mapa dos FELs: em projeto em itálico, a vermelho para raios X moles VUV, a azul para raios X duros.
(Para a interpretação das referências a cores neste texto, remete-se o leitor para a versão web do artigo).

No modo oscilador [66], o campo laser, a partir da radiação sincrotrão, é armazenado numa cavidade ótica, permitindo a interação com a onda ótica em várias passagens. Os osciladores FEL cobrem uma gama espetral que vai dos THz aos VUV, quando existem espelhos disponíveis [67]. O primeiro FEL foi conseguido em 1977 no linac MARK-III (Stanford, EUA) no infravermelho numa configuração deste tipo [68]. ACO (Orsay, França) [69] forneceu o segundo FEL mundial (primeira radiação visível) em 1983 e o primeiro FEL baseado na geração de harmónicas [70].

Devido ao desempenho limitado dos espelhos, os FEL de comprimento de onda curto são geralmente utilizados na chamada configuração de emissão espontânea auto-amplificada (SASE) [71], em que a emissão espontânea na entrada do amplificador FEL é amplificada, normalmente até à saturação numa única passagem, após um regime de crescimento exponencial. Uma vez atingida a saturação, o processo de amplificação é substituído por uma troca de energia cíclica entre os electrões e o campo radiado. A emissão apresenta geralmente fracas propriedades de coerência longitudinal, com emissão temporalmente e espectralmente pontiaguda, resultante de combinações de impulsos não correlacionados, para além da operação de pico único, para o regime de feixe curto de baixa carga [72]. Graças aos recentes avanços dos aceleradores (corrente de pico elevada, pequena dispersão de energia, baixa emitância) e ao linac de ondulador longo baseado em SASE FEL de passagem única, estão a florescer em todo o mundo. Atualmente, fornecem impulsos sub-ps coerentes sintonizáveis na região UV/X-ray, com potências de pico recorde (MW a GW) e um ganho substancial no brilho médio e de pico. Depois do LEULT (Argonne, EUA) [73] no VUV, o FLASH (Alemanha) (30-4,5 nm) [14] funciona para os utilizadores, o acelerador de ensaio SCSS (Japão, 40-60 nm) [15] está atualmente a ser melhorado depois de servir os utilizadores. Na região de Angstrom (Â), o primeiro FEL de raios X fs sintonizável a 1,5 Å foi conseguido na fonte linear de luz coerente (LCLS, Stanford, EUA, 2 mJ, 14 GeV) [12] em 2009. A LCLS utiliza uma parte do atual acelerador linear de temperatura ambiente SLAC a 14 GeV. A saturação foi atingida após 60 m de onduladores. Recentemente, a energia atingiu 6 mJ. A sintonização dos fotões varia entre 1 keV e 10 keV. Está a ser preparado um ondulador DELTA fora do vácuo para fornecer uma polarização ajustável. O SACLA, o segundo FEL de raios X a nível mundial, que estende a radiação até 0,06 nm, funciona desde junho de 2011 [13] (Japão, 8 GeV). O SACLA funciona com um canhão de iões térmicos, um acelerador linear compacto de banda C de 8 GeV, 18 onduladores em vácuo de fenda ajustável com 5 m de comprimento e 18 mm de período. A saturação começa após o 10º segmento do ondulador. A sintonização dos fotões varia entre 5 e 20 keV, com energias até 0,5 mJ. Estes FEL de raios X constituem os feixes de raios X mais brilhantes alguma vez produzidos na Terra e já foram utilizados por cientistas. Prevê-se para breve a instalação do XFEL europeu [74] num acelerador linear supercondutor de alta taxa de repetição, do XFEL coreano [75] e do FEL suíço [76]. Atualmente, nenhum laser convencional pode competir com o desempenho do LCLS ou do SACLA. Estes FEL de raios X, com um comprimento típico de km, utilizam centenas de metros de onduladores.

Cinquenta anos após a descoberta do laser, o aparecimento de lasers de raios X de vários mJ para utilizadores na gama de Angstrom (as chamadas fontes de luz de quarta geração) constitui um grande avanço, graças aos desenvolvimentos dos aceleradores e dos lasers de electrões livres (FEL) e abre uma nova era para a investigação da matéria, como a estrutura e função das biomoléculas [2], a estrutura eletrónica de átomos e moléculas [3, 77], o movimento nuclear fora do equilíbrio, meios desordenados e redes cristalinas distorcidas [78, 79], reacções químicas. Uma maior disponibilidade de impulsos de raios X com energia estável, sincronizados com um laser de bomba externo, que permita experiências de bomba ótica/sonda de raios X ressonante sem sobressaltos, permitirá dar um passo em frente.

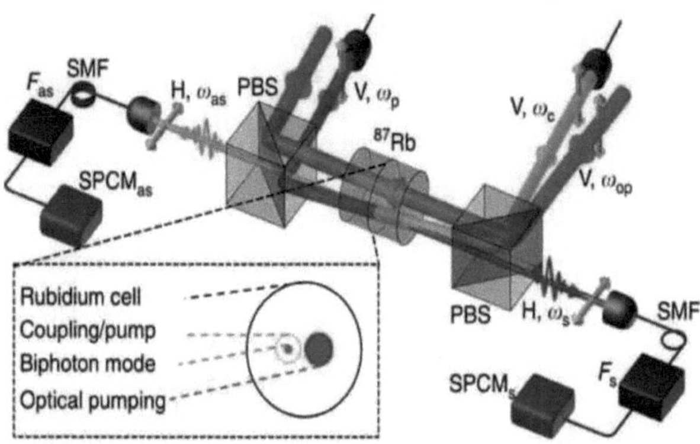

Para suprimir os picos, melhorar a coerência longitudinal, reduzir as flutuações de intensidade e o jitter, uma estratégia típica consiste em semear o amplificador FEL utilizando uma semente externa que possua as propriedades de coerência necessárias [80]. A semente pode ser uma onda laser externa ou uma fonte de luz coerente de comprimento de onda curto, como as harmónicas de alta ordem geradas no gás (HHG) [17], injectada para interagir com o feixe de electrões no ondulador. A saturação é também atingida mais rapidamente do que no caso da SASE, o que torna o sistema mais compacto. No esquema de geração de harmónicos de alto ganho (HGHG) [81], uma fonte laser injectada induz a modulação da densidade do feixe de electrões no primeiro ondulador. A radiação é produzida no segundo ondulador sintonizado no harmónico do comprimento de onda injetado. São também gerados harmónicos não lineares coerentes do comprimento de onda fundamental. A distribuição temporal e espetral dos impulsos FEL resulta da própria semente e da dinâmica intrínseca do FEL. Em casos particulares, os modos super-radiantes apresentam um maior estreitamento da duração do impulso e um aumento da intensidade [82]. Já nos primeiros tempos da FEL, foi injectada uma fonte laser externa sintonizada no comprimento de onda ressonante do ondulador, o que permitiu uma geração mais eficiente de harmónicas coerentes e de feixes, com produção de radiação coerente a 100 nm [83, 84] em 1991. A sementeira de HHG foi efectuada pela primeira vez no acelerador de ensaio SCSS a 160 nm e a 60 nm [85], no SPARC com demonstração em cascata [86] e a 30 nm no s-FLASH [87]. O único FEL semeado operado para utilizadores na configuração semeada é o FERMI@ELLETRA (Itália) [88], que utiliza um laser convencional como semente. Também neste caso, a polarização circular é igualmente fornecida aos utilizadores, graças aos onduladores APPLE-II.

A sintonização pode ser obtida na fonte de injeção acoplada a uma mudança de fenda [88] ou aplicando um chirp (desvio de frequência) tanto na semente como no feixe de electrões [89]. A auto-semeadura também pode ser aplicada, em especial no domínio dos raios X duros. Um monocromador instalado após o primeiro ondulador limpa espectralmente a radiação antes da última amplificação no ondulador final [91]. Recentemente, a auto-semeadura com a limpeza espetral [90] da radiação SASE num monocromador de cristal parece ser muito promissora com os primeiros resultados [147, 148]. A conversão ascendente de frequências pode ser muito eficiente, como demonstrado recentemente no FERMI@ELETTRA (de 266 nm a 4 nm) com um esquema de cascata dupla [92].

Na geração de harmónicos por eco [93], são realizadas duas interacções sucessivas laser-eletrão, utilizando dois onduladores, a fim de imprimir uma "estrutura tipo folha" no espaço de fase. Os harmónicos de ordem superior podem ser obtidos de forma eficiente. O eco foi demonstrado experimentalmente no UV no sétimo harmónico e até ao décimo quarto [94, 95] no acelerador de ensaio do próximo colisor linear (SLAC) e na instalação de ensaio FEL de Xangai [96]. Constitui um avanço na conversão de alta frequência de um ponto de vista concetual e em termos de compacidade e propriedades dos impulsos (por exemplo, duração e comprimentos de onda). Os sistemas derivados da EEHG, como a chicane de modo triplo [97], abrem perspectivas para comprimentos de onda muito curtos (Å) e de curta duração a um custo moderado.

Os modos transversais resultam quer das características do ressoador (na configuração de oscilador) [98], quer da emitância do feixe de electrões (que deve ser da ordem do comprimento de onda emitido), quer da possível orientação do ganho em FEL de passagem única. A coerência transversal é geralmente deduzida a partir de medições de fendas duplas de Young e a frente de onda é medida com sensores Hartmann [99, 100], fornecendo uma frente de onda residual de 3 nm no acelerador de ensaio SCSS a 60 nm.

A coerência longitudinal depende fortemente do tipo de configuração. O regime SASE conduz a uma distribuição temporal e espetral pontiaguda, com oscilações internas e flutuações de intensidade. Pode, de alguma forma, ser melhorado por diferentes meios. O funcionamento com feixes curtos de electrões de baixa carga pode conduzir ao regime de pico único [101], mas com uma intensidade ligeiramente reduzida. O LCLS pode funcionar neste modo. Um chirp de energia do feixe de electrões (dependência da energia dos electrões ao longo da posição do feixe) combinado com o taper do ondulador (variação do campo de pico ao longo da direção longitudinal) pode também conduzir eficazmente a um FEL de pico único, como demonstrado no SPARC [102]. Uma SASE melhorada, com um aumento do deslizamento através de uma chicane, pode permitir controlar o perfil longitudinal [103]. Além disso, a sementeira é também bastante eficaz para reduzir o pico e controlar de alguma forma as propriedades longitudinais do laser. O nível de semente deve superar o ruído de disparo [104] e isto pode tornar-se crítico para uma semente de comprimento de onda curto. A sementeira permite também obter harmónicos até uma ordem superior à do caso SASE [105]. A sincronização pode, de facto, tornar-se crítica [106]. A auto-semeadura com um monocromador monocristalino [107] é eficiente mas particularmente sensível às flutuações de energia do feixe de electrões.

A geração de harmónicos FEL encurta eficazmente o comprimento de onda fornecido, utilizando diferentes esquemas, como o HGHG [98], a técnica do palpite fresco, em que a luz interage no segundo ondulador numa parte não aquecida do feixe de electrões [108], a cascata harmónica [109], o eco [110]. O FEL bicolor, de interesse para os FELs de sonda de bombagem, pode ser obtido por diferentes meios. Produzido pela primeira vez no CLIO no infravermelho, utilizando dois segmentos diferentes de onduladores sintonizados em comprimentos de onda diferentes [111], é atualmente desenvolvido em FELs de passagem única. No caso da sementeira, é possível tirar partido do efeito de divisão de impulsos que pode ocorrer para uma duração particular do impulso de sementeira em relação ao comprimento do feixe de electrões [112], como demonstrado no FERMI@ELETTRA com uma semente quiralada [113]. Graças à chicane instalada para a auto-semeação e à margem suficiente de comprimento do ondulador, são geradas duas cores ao sintonizar as duas séries de onduladores em diferentes comprimentos de onda, sendo o atraso ajustado pela própria chicane [114]. Além disso, um spoiler de emitância com fenda dupla permite controlar o atraso (fresh bunch) ou, na configuração iSASE, os onduladores são ligeiramente dessintonizados para actuarem como deslocadores de fase. Em alguns casos, é também possível a divisão direta dos raios X com um cristal.

Outros desenvolvimentos FEL visam fornecer radiação com energias fotónicas ainda mais elevadas, atingindo intensidades mais altas, com afilamento [101, 115]; em que o campo magnético do ondulador é ajustado para manter a condição de ressonância com perda de energia do feixe ou o esquema SASE melhorado [116], em que um primeiro laser imprime uma modulação num ondulador antes de ser acelerado nas secções seguintes. Está prevista a manipulação do FEL com os diferentes esquemas (sementeira, eco, pico único, SASE modificado, oscilador XFEL...). Existe também um grande interesse em reduzir a duração dos impulsos FEL para a gama dos attossegundos [117]. Foram propostos vários esquemas, tais como o spoiler de emitância [118], a utilização de feixes de electrões com chirped de energia utilizados como semente para um segundo estádio [119] ou com pós-compressão ótica [120], a amplificação selectiva [121], a modulação da energia dos electrões numa pequena parte do feixe de electrões com um laser de poucos ciclos [122], a combinação da folha com fenda com o eSASE [123], a geração de um XFEL de poucos ciclos [124]. Paralelamente à procura de impulsos ultra-curtos, os FEL de largura de banda espetral muito estreita (0,0001%) são também interessantes para aplicações específicas. Os osciladores X FEL [125] em linacs de recuperação de energia [126] podem satisfazer estes requisitos.

O funcionamento com múltiplos utilizadores é também um desafio importante para reduzir o custo de funcionamento por experiência. Para além da redução da taxa de repetição através do lançamento de feixes consecutivos para diferentes linhas FEL, os aceleradores lineares supercondutores, com a possibilidade de lançar diferentes partes do comboio de feixes de electrões para várias linhas FEL, podem constituir uma solução para este objetivo, tal como proposto no EXFEL, NGLS [127] ou LUNEX5 [128]. O LUNEX5 (free electron Laser Using a New accelerator for the Exploitation of X-ray radiation of 5th generation) é um projeto de demonstração para investigar a produção de impulsos curtos, intensos e coerentes na região dos raios X moles. O LUNEX5 prevê um linac supercondutor ou um Laser Wake Field Accelerator, a qualificar tendo em vista a aplicação FEL, uma única linha FEL composta pelas configurações de sementeira mais avançadas (sementeira HHG, EEHG) e experiências-piloto com utilizadores para caraterizar e avaliar o desempenho destas fontes na perspetiva dos utilizadores, com vista a uma maior otimização. Recentemente, foi demonstrado que o número de unidades de RF efetivamente utilizadas para a aceleração pode ser ajustado de cacho para cacho, e ainda mais para diferentes linhas FEL [129]. A vantagem combinada dos aceleradores lineares supercondutores para uma taxa de repetição elevada e linhas FEL múltiplas exige, contudo, um canhão de electrões adequado. O domínio dos canhões de electrões de alta taxa de repetição e alto brilho progrediu recentemente de forma significativa [130], em especial no domínio dos canhões supercondutores [131] já utilizados no FEL do ELBE. É igualmente interessante combinar FELs com lasers e fontes THz para experiências de utilizador de duas cores com bomba-sonda.

5.4. Fontes sobre novos aceleradores

Para além da melhoria do desempenho dos FEL e da manipulação das suas propriedades, uma outra via de progresso diz respeito à compacidade. Para além de um esquema de sementeira complexo e de onduladores de período curto, outra via a explorar é a mudança do tipo de acelerador.

Nos aceleradores laser de campo desperto (LWFA) [18], os impulsos laser de alta intensidade são focados num plasma denso proveniente de um jato de gás, de uma célula de gás ou de alvos de descarga capilar, sendo criado um gradiente elétrico longitudinal ultra-elevado. Esta força ponderomotriz empurra os electrões do plasma para fora da trajetória do feixe laser, separando-os dos iões. É criado um campo elétrico longitudinal móvel, cuja amplitude pode atingir várias centenas de GV/m, tipicamente 10 000 vezes maior do que nos aceleradores convencionais, sendo a escala de comprimento caraterística do campo de vigília, o comprimento de onda do plasma, de 10-30 μm. No chamado "regime de bolha" [132-135], em que é utilizado um único impulso laser, podem ser produzidos feixes de electrões na gama dos 100 MeV a distâncias de mm, com dispersões de energia da ordem dos 5-10% e cargas de centenas de pC, ou feixes de electrões de 1 GeV com cargas ligeiramente inferiores, sendo o impulso laser guiado ao longo de alguns cm numa descarga de plasma capilar. As leis de escala prevêem que os feixes de electrões multi-GeV com cargas nC poderão ser atingidos com a próxima geração de lasers [136] com uma dispersão de energia de alguns %. Os aceleradores de plasma laser de duas fases forneceram recentemente feixes de electrões de GeV com uma dispersão de energia de apenas 1% [137]. O mecanismo do impulso laser em colisão [138] conduz a um espalhamento de energia de 1-10%, cargas de 10100 pC, duração de 4 fs, com uma gama de estabilidade de 5-10% com controlo dos parâmetros do feixe de electrões, como a carga e o espalhamento de energia. A técnica de injeção a frio proposta poderia fornecer um feixe de electrões com energias de 0,3 a 1 GeV [139], alguns décimos de pC, uma duração de alguns fs e um espalhamento relativo de energia inferior a 1% com um laser de 200 TW.

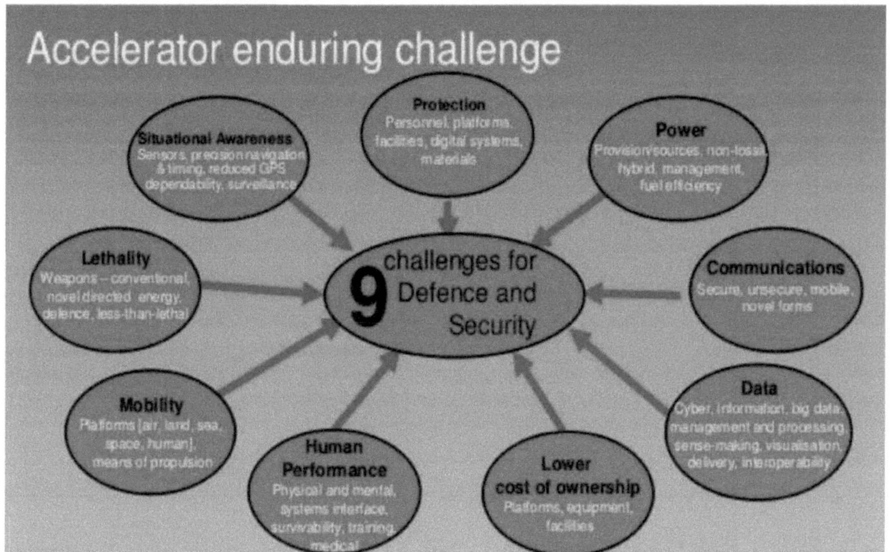

Na última década, a fiabilidade dos LWFA foi tremendamente melhorada, produzindo rotineiramente feixes de electrões [140] com uma corrente típica de alguns kA [141], comprimento de feixe de alguns fs, energia na gama de algumas centenas de MeV a 1 GeV [142], dispersão relativa de energia da ordem de 1% e emitância normalizada da ordem de π mm.mrad [143]. Um LWFA deste tipo parece ser um candidato atraente para a próxima geração de colisores e para futuras fontes de luz compactas e FELs [21] com feixes de electrões de GeV, o que constitui um objetivo intermédio de qualificação antes dos colisores LWFA de TeV com interesse a longo prazo para a física de altas energias. A utilização de feixes de electrões com o desempenho atualmente alcançado em termos de dispersão de energia e de divergência não conduz, contudo, a uma amplificação FEL direta, tendo sido observada emissão espontânea a partir de onduladores [144]. Estão em curso experiências em vários locais (OASIS (Berkeley) [145], Strathclyde Univ. [146], MPQ [147], LOA/SOLEIL | 148| ^).

Em relação aos aceleradores convencionais, os feixes LWFA apresentam características muito diferentes do espaço de fase: no sentido longitudinal, curta duração do feixe e grande dispersão relativa de energia e, no sentido transversal, grande divergência e tamanho micrométrico. A divergência pode ser controlada por quadrupolos fortes localizados muito perto da fonte de electrões [149]. A manipulação do feixe de electrões por descompressão da chicane [150, 151] ou pela utilização de um ondulador de gradiente transversal [152] sugere que é possível uma amplificação significativa com o atual desempenho do LWFA. Este é, por exemplo, um dos objectivos do projeto LUNEX5, que é composto, para além do acelerador linear supercondutor, por um LWFA a qualificar com a aplicação FEL na procura de fontes FEL ultra-curtas e ultra-compactas. Poderá também permitir o funcionamento simples do FEL no regime de pico único para a emissão de impulsos de alta coerência.

Os aceleradores dieléctricos [153] são também dispositivos promissores para a condução de feixes de electrões compactos para FELs. Um laser é injetado numa estrutura dieléctrica, com um diâmetro de orifício típico de 800 nm, em que os harmónicos espaciais ressonantes fornecem a aceleração e os harmónicos espaciais não ressonantes fornecem a focalização. O projeto galáxias [154] pretende desenvolver um FEL com esta aceleração.

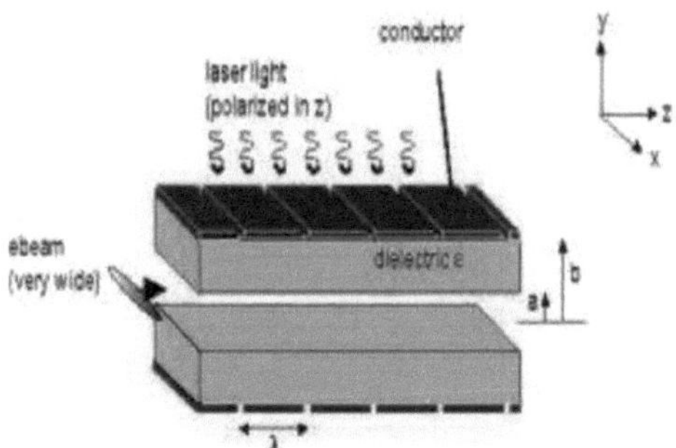

Lasers inversos de electrões livres [155, 156], em que um laser intenso sintonizado num comprimento de onda ressonante do ondulador permite aumentar a energia do feixe de electrões numa fase específica. Inversamente ao processo FEL, o laser fornece energia ao feixe de electrões. Estes FEL inversos podem também servir para acionar um FEL de comprimento de onda curto.

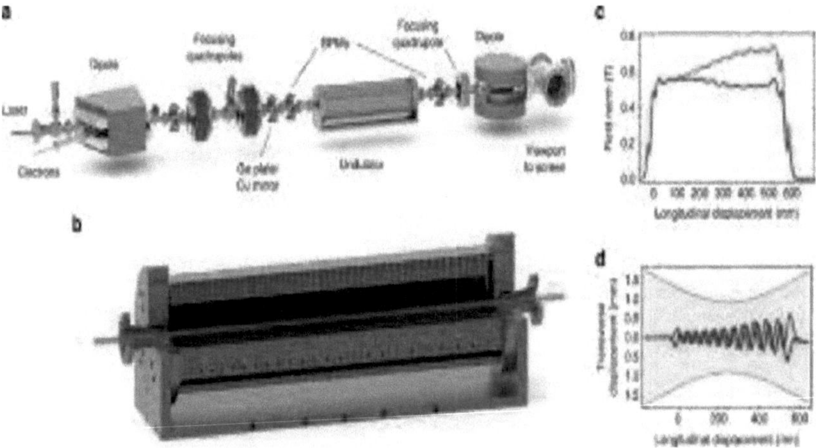

5.5. Referências

[1] . K. Midorikaw, Nat. Photon, 5 (2011), pp. 640-641CrossRef

[2] . H.N. Chapman, *et al.*Nature, 470 (fevereiro) (2011), pp. 73-77.

http://dx.doi.org/10.1038/nature09750.

[3] . L. Young, *et al.* Nature, 466 (2010), p. 56

[4] . C. Townes, A Century of Nature, 21 Discoveries that Changes Science in the World (Um Século de Natureza, 21 Descobertas que Mudaram a Ciência no Mundo)

Univ. of Chicago Press (2003)

[5] . A. McPherson, G. Gibson, H. Jara, U. Johann, T.S. Luk, I.A. McIntyre, K. Boyer, C.K. Rhodhes, J. Opt. Soc. Am. B, 4 (4) (1987), p. 595.

[6] . M.A. Ferray, X.F. L'Huillier, A. Li, L.A. Lompre, G. Mainfray, C. Manus, J. Phys. B: At. Mol. Opt. Phys., 21 (1988), p. L31

[7] . B. Dromey, *et al.,* Nat. Phys., 2 (2006), pp. 456-459.

[8] . P.M. Paul, E.S. Toma, P. Breger, G. Mullot, F. Augé, Ph. Balcou, H.G. Muller, P. Agostini Science, 292 (2001), p. 1689.

[9] . M.E. Couprie, J.M. Filhol, C. R. Phys., 9 (2008), pp. 487-506.

[10] . Beaurepaire, E.; Bulou, H.; Joly, L.; Scheurer, F. (Eds.), 2013, VIth International School on "Magnetism an Synchrotron Radiation : Towards the Fourth Generation Light Sources", Proceedings of the 6th International School "Synchrotron Radiation and Magnetism", Mittelwihr (França), 2012; Series: Springer Proceedings in Physics, Vol. 151, , 2013, XVIII (344 páginas), 51-94, mais de 344 páginas.

[11] . J.M.J. Madey, J. Appl. Phys., 42 (1906) (1971)

[12] . P. Emma, *et al.*, Nat. Photon, 4 (2010), p. 641

[13] . T. Ishikawa, *et al.*, Nat. Photon, 6 (2012), pp. 540-544

[14] . W. Ackermann, *et al.*, Nat. Photon, 1 (2007), pp. 336-342

[15] . T. Shintake, *et al.*, Nat. Photon, 2 (9) (2008), pp. 555-559

[16] . E. Allaria, *et al.*, Nat. Photon, 6 (2012), pp. 699-704

[17] . G. Lambert, *et al.*, Nat. Phys., 4 (2008), pp. 296-330

[18] . T. Tajima, J.M. Dawson, Phys. Rev. Lett., 43 (1979), p. 267

[19] . A. Rousse, *et al.*, Phys. Rev. Lett., 93 (2004), p. 135005

[20] . P. Tomassini, A. Bacci, J. Cary, M. Ferrario, A. Giulietti, D. Giulietti, L.A. Gizzi, L. Labate, L. Serafini, V. Petrillo, C. Vaccarezza, IEEE Trans., 36 (4) (2008), pp. 1782-1789

[21] . K. Nakajima, Nat. Phys., 4 (2008), p. 92

[22] . S. Shan, Z. Chang, Phys. Rev. A, 65 (2001), p. 011804

[23] . M.B. Gaarde, P. Antoine, A. Persson, B. Carré, A. L'Huillier, C.G. Wahlstrom, J. Phys. B: At. Mol. Opt. Phys., 88 (1996), p. L163

[24] . H.T. Kim, D.G. Lee, K.H. Hong, J.H. Kim, I.W. Choi, C.H. Nam, Phys. Rev. A, 67 (2003), p. 051801

[25] . Z. Chang, A. Rundquist, H. Wang, M.M. Murnane, H.C. Kapteyn, Phys. Rev. Lett., 79 (16) (1997), p. 2967

[26] . B. Shan, Z. Chang, Phys. Rev. A, 65 (2001), p. 011804(R)

[27] . J. Seres, *et al.*, Nature, 443 (2005), p. 596.

[28] . E.A. Gibson, A. Paul, N. Wagner, R. Tobey, D. Gaudiosi, S. Backus, I.P. Christov, A. Aquila, E.M. Gullikson, D.T. Atwood, M.M. Murname, H.C. Kapteyn Science, 302 (2003), p. 95

[29] . M. Zepf, B. Droomey, M. Landreman, P. Foster, S.M. Hooker, Phys. Rev. Lett., 99 (2007), p. 143901

[30] . Y. Mairesse, A. de Bohan, L.J. Frasinski, H. Merdji, L.C. Dinu, P. Monchicourt, P. Breger, M. Kovacev, R. Taieb, B. Carre, H.G. Muller, P. Agostini, P. Salières Science, 302 (2003), pp. 1540-1543.

[31] . A. Baltuska, Th. Udem, M. Uiberacker, M. Hentschel, E. Goulielmakis, Ch. Gohle, R.

Holzwarth, V.S. Yakovlev, A. Scrinzi, T.W. Hansch, F. Krausz, Nature, 421 (2003), pp. 611-615.

[32] . E. Goulielmakis, M. Schultze, M. Hofstetter, V.S. Yakovlev, J. Gagnon, M. Uiberacker, A.L. Aquila, E.M. Gullikson, D.T. Attwood, R. Kienberger, F. Krausz, U. Kleineberg, Science, 320 (2008), pp. 1614-1617

[33] . I.J. Sola, E. Mevel, L. Elouga, E. Constant, V. Strelkov, L. Poletto, P. Villoresi, E. Benedetti, J.P. Caumes, S. Stagira, C. Vozzi, G. Sansone, M. Nisoli, Nat. Phys., 2 (2006), pp. 319-322.

[34] . B.E. Schmidt, A.D. Shiner, M. Giguère, P. Lassonde, C. Trallero-Herrero, J.-C. Kieffer, P.B. Corkum, D.M. Villeneuve, F. Légaré, J. Phys. B, 45 (2012), p. 074008

[35] . T. Popmintchev, M.C. Chen, D. Popmintchev, P. Arpin, S. Brown, S. Alisauskas, G. Andriukaitis, T. Balciunas, O.D. Mucke, A. Pugzlys, A. Baltuska, B. Shim, S.E. Schrauth, A. Gaeta, C. Hernandez-Garcia, L. Plaja, A. Becker, A. Jaron-Becker, M.M. Murnane, H.C. Kapteyn, Science, 336 (2012), pp. 1287-1291.

[36] . L. Le Deroff, *et al.*, Phys. Rev. A, 61 (2000), p. 043802

[37] . R.A. Bartels, A. Paul, H. Green, H.C. Kapteyn, M.M. Murnane, S. Backus, I.P. Christov, Y. Liu, D. Attwood, C. Jacobsen, Science, 297 (2002), p. 376.

[38] . L. Le Déroff, P. Salières, B. Carré, Opt. Lett., 23 (1998), p. 1544.

[39] . E.J. Takahashi, *et al.,* Appl. Phys. Lett., 84 (2004), p. 4

[40] . L.V. Dao, *et al.,* J. Appl. Phys., 104 (2006), p. 023105

[41] . G. Lambert, *et al.,* New J. Phys., 11 (2009), p. 0831033

[42] . K. Jakubczak, T. Mocek, J. Chalupsky, G. Hwang Lee, T.K. Kim, S.B. Park, C.H. Nam, V. Hajkova, M. Toufarova, L. Juha, B. Rus, New J. Phys., 13 (2011), p. 053049

[43] . C. Gohle, *et al.,* Nature, 436 (2005), p. 234.

[44] . S. Hadrich, *et al.,* Opt. Express, 19 (2011), p. 19374

[45] . T. Eidam, *et al.,* Opt. Express, 19 (2010), p. 255

[46] . L. Daniault, *et al.,* Opt. Express, 20 (2012), p. 21627

[47] . G. Mourou, *et al.,* Nat. Photon, 7 (2013), p. 258

[48] . X. Zhou, R. Lock, N. Wagner, W. Li, H.C. Kapteyn, M.M. Murnane, Phys. Rev. Lett., 102 (2009), p. 073902.

[49] . Y. Mairesse, J. Higuet, N. Dudovich, D. Shafir, B. Fabre, E. Mével, E. Constant, S. Patchkovskii, Z. Walters, M.Yu. Ivanov, O. Smirnova, Phys. Rev. Lett., 104 (2010), p. 213601.

[50] . J. Mauritsson, P. Johnsson, E. Gustafsson, A. L'Huillier, K.J. Schafer, M.B. Gaarde Phys. Rev. Lett., 97 (2006), p. 013001.

[51] . I.J. Kim, *et al.*, Phys. Rev. Lett., 94 (2005), p. 243901.

[52] . S. Watanabe, *et al.*, Phys. Rev. Lett., 73 (1994), p. 2692.

[53] . F. Brizuela, C.M. Heyl, P. Rudowski, D. Kroon, L. Rading, J.M. Dahlstrom, J. Mauritsson, P. Johnsson, C.L. Arnold, A. L Huillier, Sci. Rep., 3 (2013), p. 1410

[54] . B. Dromey, *et al.*, Phys. Rev. Lett., 99 (2007), p. 085001

[55] . B. Dromey, *et al.*, Nat. Phys., 2 (2006), p. 456

[56] . C. Thaury, *et al.*, Nat. Phys., 3 (2007), pp. 424-429.

[57] . J.J. Rocca, J. Filevich, E.C. Hammarsten, E. Jankowska, B. Benware, M.C. Marconi, B. Luther, A. Vinogradov, I. Artiukov, S. Moon, V.N. Shlyaptsev, Nucl. Instrum. Methods Phys. Res. A, 507 (2003), pp. 515-522.

[58] . Y. Wang, *et al.*, Phys. Rev. A, 72 (2005), p. 053807.

[59] . P. Zeitoun, *et al.*, Nature, 431 (2004), p. 426.

[60] . N. Rohringer, *et al.*, Nature, 481 (2012), pp. 488-490.

[61] . W.B. Colson, IEEE J. Quantum Electron, 17 (1981), pp. 1417-1427.

[62] . J.M.J. Madey, J. Appl. Phys., 42 (1971), p. 1906.

[63] . B.E. Carlsten, Part. Accel, 49 (1995), pp. 27-65.

[64] . M. Bauer, J. Phys. D: Appl. Phys., 38 (16) (2005), p. R253.

[65] . C. Limborg-Deprey, P.R. Bolton, Nucl. Instrum. Methods Phys. Res. A: Accel. Spectrom. Detect. Assoc. Equip., 557 (1) (2006), pp. 106-116.

[66] . R.R. Freeman, *et al.,* AIP Conf. Proc., 119 (1984), pp. 277-292.

[67] . M. Trovò, M. Marsi, R.P. Walker, J.A. Clarke, M.W. Poole, M.E. Couprie, D. Garzella, G. Dattoli, L. Giannessi, A. Gatto, N. Kaiser, S. Günster, Nucl. Instrum. Methods A, 483 (1-2) (2002), pp. 157-161.

[68] . D.A.G. Deacon, *et al.,* Phys. Rev. Lett., 38 (1977), pp. 892-894.

[69] . M. Billardon, P. Elleaume, J.M. Ortega, C. Bazin, M. Bergher, M. Velghe, Y. Petroff, D.A.G. Deacon, K.E. Robinson, J.M.J. Mady, Phys. Rev. Lett., 51 (1983), p. 1652.

[70] . B. Girard, Y. Lapierre, J.M. Ortega, C. Bazin, M. Billardon, P. Elleaume, M. Bergher, M. Velghe, Y. Petroff, Phys. Rev. Lett., 53 (1984), p. 2405.

[71] . R. Bonifacio, C. Pelligrini, L.M. Narducci, Opt. Commun., 50 (1984), pp. 373-378.

[72] . Y. Din, *et al.,* Phys. Rev. Lett., 102 (2009), p. 254801.

[73] . S.V. Milton, et al., Science, 292 (2001), p. 2037.

[74] . Projeto europeu de laser de raios X XFELTDR (2006) http://www.xfel.desy.de

[75] . M. Yoon, *et al.,* Proceed. FEL04, Jacow (2004), pp. 183-186.

[76] . Swiss FEL, Relatório de Conceção Conceptual,

http://www.psi.ch/swissfel/HomeEN/SwissFEL_CDR_web_small.pdf.

[77] . M. Meyer, J.T. Costello, S. Düsterer, W.B. Li, P. Radcliffe, *et al.,* J. Phys. B: At. Mol. Opt. Phys., 43 (2010), p. 194006.

[78] . M. James, Glownia, *et al.,* Opt. Express, 18 (2010), p. 017620

[79] . E. Galtier, *et al.,* Phys. Rev. Lett., 106 (2011), p. 164801

[80] . L.H. Yu, I. Ben Zvi, Nucl. Instrum. Methods A, 393 (1997), p. 96

[81] . L.-H. Yu, et al., M. Science, 289 (2000), p. 932

[82] . L. Giannessi, P. Musumeci, S. Spampinati, J. Appl. Phys., 98 (4) (2005), p. 043110 1-8

[83] . R. Prazeres, J.M. Ortéga, C. Bazin, M. Bergher, M. Billardon, M.E. Couprie, H. Fang, M. Velghe, Y. Petroff, Europhys. Lett., 4 (7) (1987), pp. 817-822.

[84] . R. Prazeres, P. Guyot-Sionnnest, D. Jaroszynski, J.M. Ortéga, M. Billardon, M.E. Couprie, M. Velghe, Nucl. Instrum. Methods A, 304 (1991), pp. 72-76.

[85] . T. Togashi, et al., Opt. Express, 1 (2011), pp. 317-324

[86] . M. Labat, et al., Phys. Rev. Lett., 107 (2011), p. 224801.

[87] . C. Lechner, *et al.,* Proceeding of FEL 2012, Nara, Japão (2012), p. 2012.

[88] . E. Allaria, et al., New J. Phys., 14 (2012), p. 113009.

[89] . T. Shaftan, L.H. Yu, Phys. Rev. E, 71 (2005), p. 046501.

[90] . J. Feldhaus, E.L. Saldin, J.R. Schneider, E.A. Schneidmiller, M.V. Yurkov, Opt. Commun., 140 (1997), p. 341.

[91] . G.L. Geloni, J. Mod. Opt., 58 (16) (2011), pp. 1391-1403

[92] . J. Amann, et al., Nat. Photon, 6 (2012), pp. 693-698.

[93] . M. Yabashi, T. Tanaka, Nat. Photon, 6 (2012), pp. 648-649.

[94] . L. Giannessi, *et al.,* Proceedings FEL conference, Nova Iorque, 2013 (2013), pp. 546-549

[95] . G. Stupakov, Phys. Rev. Lett., 102 (2009), p. 074801

[96] . D. Xiang, et al., Phys. Rev. Lett., 105 (2010), p. 114801

[97] . D. Xiang, *et al.,* Proceedings FEL conference, Nova Iorque (2013).

http://accelconf.web.cern.ch/AccelConf/FEL2013/talks/thoano02_talk.pdf

[98] . Z.T. Zhao, *et al.,* Nat. Photon, 6 (2012), pp. 360-363

[99] . D. Xiang, G. Stupakov, New J. Phys., 13 (2011), p. 093028

[100] . M.E. Couprie, M. Billardon, M. Velghe, R. Prazeres, Nucl. Instrum. Methods A, 304 (1991), pp. 53-57

[101] . A. Singer, *et al.,* Phys. Rev. Lett., 101 (2008), p. 254801

[102] . R. Bachelard, et al., Phys. Rev. Lett., 106 (23) (2011), p. 234801

[103] . S. Reiche, *et al.,* Nucl. Instrum. Methods A, 593 (2008), pp. 45-48

[104] . L. Giannessi, *et al.,* Phys. Rev. Lett., 106 (2011), p. 144801

[105] . J. Wu, A. Marinelli, C. Pelligrini, Proceeding FEL, Jacow (2012)

[106] . G. Lambert, T. Hara, M. Labat, T. Tanikawa, Y. Tanaka, M. Yabashi, D. Garzella, B. Carré, M.E. Couprie, Europhys. Lett., 88 (2009), p. 54002

[107] . T. Tanikawa, G. Lambert, T. Hara, M. Labat, Y. Tanaka, M. Yabashi, O. Chubar, M.E. Couprie, Europhys. Lett., 3 (2011), p. 34001

[108] . H. Tomizawa, *et al.,* Workshop sobre sementeira, Trieste (2012)

[109] . L.H. Yu, *et al.,* Nucl. Instrum. Methods A, 483 (2002), p. 493

[110] . L. Giannessi, P. Musumeci, New J. Phys., 8 (2006), p. 294

[111] . R. Prazeres, F. Glotin, C. Insa, D.A. Jaroszynski, J.M. Ortega, Nucl. Instrum. Methods A, 998), p. 464.

[112] . M. Labat, N. Joly, S. Bielawski, C. Swaj, C. Bruni, M.E. Couprie Phys. Rev. Lett., 103 (2009), p. 264801

[113] . G. De Ninno, *et al.,* Phys. Rev. Lett., 110 (2013), p. 064801

[114] . A.A. Lutman, *et al.,* Phys. Rev. Lett., 110 (2013), p. 134801

[115] . N.M. Kroll, Phys. Quantum Electron, 7 (1980), p. 113

[116] . A.A. Zholents, Phys. Rev. Spec. Top. Accel. Beams, 92 (8) (2005), p. 040701

[117] . I. Martin, R. Bartolini, Phys. Rev. Spec. Top. Accel. Beams, 14 (2011), p. 030702

[118] . P. Emma, Phys. Rev. Lett., 92 (7) (2004), p. 074801

[119] . C. Schroeder, *et al.,* Natl. Integr. Med. Assoc., 483 (2002), p. 89

[120] . C. Pelligrini, Nucl. Instrum. Methods A, 445 (2000), p. 124

[121] . A.A. Zholents, W. Fawley, Phys. Rev. Lett., 92 (22) (2004), p. 224801

[122] . A.A. Zholents, Phys. Rev. Spec. Top. Accel. Beams, 8 (2005), p. 040701

[123] . T. Tanaka, Phys. Rev. Lett., 110 (2013), p. 084801

[124] . D.J. Dunning, *et al.,* Phys. Rev. Lett., 110 (2013), p. 104801

[125] . Kim, *et al.,* Phys. Rev. Lett., 100 (2008), p. 244802

[126] . S. Benson, *et al.,* Nucl. Instrum. Methods A, 637 (2011), pp. 1-11

[127] . J.N. Corlett, et al., Uma instalação de fonte de luz de próxima geração na LBNL 2011 Particle Accelerator Conference, PAC 11, Nova Iorque, NY (2011)

[128] . M.E. Couprie, et al., J. Phys. Conf. Ser., 425 (2012), p. 2012 art. ή 072001 - (SRI2012)

[129] . T. Hara, et al., Phys. Rev. Spec. Top. Accel. Beams, 16 (2013), p. 080701

[130] . F. Sannibale, Overview of recent progress on high repetition rate, high brightness electron guns Pro ceedings of IPAC 2012, New Orleans, LA, USA (2012), pp. 4160-4164.

[131] . A. Arnold, J. Teichert, Phys. Rev. Spec. Top. Accel. Beams, 14 (2011), p. 024801

[132] . V. Malka, *et al.,* Phys. Plasmas, 12 (2005), p. 056702

[133] . C.G.R. Geddes, Cs. Toth, J. van Tilborg, E. Esarey, C.B. Schroeder, D. Bruhwiler, C. Nieter, J. Cary, W.P. Leemans, Nature, 431 (2004), pp. 538-541

[134] . W.P. Leemans, B. Nagler, A.J. Gonsalves, Cs. Toth, K. Nakamura, C.G.R. Geddes, E.

Esarey, C.B. Schroeder, S.M. Hooker, Nat. Phys., 2 (2006), pp. 696-699

[135] . J. Faure, C. Rechatin, A. Norlin, Lifschitz, Y. Glinec, V. Malka, Nature, 444 (2006), pp. 737-739

[136] . W. Lu, M. Tzoufras, C. Joshi, F.S. Tsung, W.B. Mori, J. Vieira, R.A. Fonseca, L.O. Silva Phys. Rev. Spec. Top. Accel. Beams, 10 (2007), p. 061301x

[137] . V. Malka, A. Lifschitz, J. Faure, Y. Glinec, Phys. Rev. Spec. Top. Accel. Beams, 9 (2006), p. 091301

[138] . E. Esarey, *et al.,* Phys. Rev. Lett., 79 (1997), p. 2682

[139] . X. Davoine, A. Beck, A. Lifshitz, V. Malka, E. Lefebvre, New J. Phys., 12 (2010), p. 095010

[140] . S. Mangles, *et al.,* Nature, 431 (2004), p. 535

[141] . V. Malka, *et al.,* Nat. Phys., 4 (2008), pp. 447-453

[142] . W.P. Leemans, B. Nagler, A.J. Gonsalves, Cs. Toth, K. Nakamura, C.G.R. Geddes, E. Esarey, C.B. Schroeder, S.M. Hooker, Nat. Phys., 2 (2006), p. 696

[143] . C. Rechatin, J. Faure, A. Ben-Ismail, J. Lim, R. Fitour, A. Specka, H. Videau, A. Tafzi, F. Burgy, V. Malka, Phys. Rev. Lett., 102 (2009), p. 164801

[144] . H.-P. Schlenvoigtet, *et al.,* Nat. Phys., 4 (2008), pp. 130-133

[145] . W. Leemans, *et al.,* Phys. Today, 62 (3) (2009), p. 44

[146] . M.P. Anania, et al., A linha de feixe ALPHA-X: rumo a um FEL compacto, Actas IPAC10, Quioto, Japão (2010), pp. 2263-2265

[147] . http://www.mpq.mpg.de/APS/gruener.php

[148] . G. Lambert, et al., Progress on the generation of undulator radiation in the UV from a plasmabased electron beam, Proceed. FEL conf., Nara, Japão (2012), p. 2

[149] . M.P. Anania, D. Clark, S.B. van der Geer, M.J. de Loos, R. Isaac, A.J.W. Reitsma, G.H. Welsh, S.M. Wiggins, D.A. Jaroszynski, Proc. SPIE Conf., 7359 (2009), p. 735916

[150] . A.R. Maier, A. Meseck, S. Reiche, C.B. Schroeder, T. Seggebrock, F. Grüner Phys. Rev. X, 2 (2012), p. 031019

[151] . A. Loulergue, M.E. Couprie, The LUNEX5 Project, reunião Future Light Source, apresentação oral Jefferson Lab. (março) (2012)

[152] . Z. Huang, Y. Ding, C.B. Schroeder, Phys. Rev. Lett., 109 (2012), p. 204801

[153] . B. Naranjo, A. Valloni, S. Putterman, J.B. Rosenzweig, Phys. Rev. Lett., 109 (2012), p. 176803

[154] . J.B. Rosenzweig, et al., AIP Conf. Proc., 1507 (2012), p. 493

[155] . W. Kimura, *et al.,* Phys. Rev. Lett., 92 (2004), p. 154801

[156] . W. Boutu, *et al.,* Nature Physics, 4 (2008), p. 545.

Chapter (6)

Diferenças entre Aceleradores Lineares, Ciclotrões e Sincrotrões

6.1. Prefácio

Estes três tipos de aceleradores de partículas estão entre os instrumentos científicos mais caros e tecnicamente mais avançados alguma vez construídos. Mas muitas pessoas, incluindo engenheiros, estão confusas sobre o que cada um deles pode fazer [1-7].

6.2. Aceleradores lineares

Os aceleradores lineares (também chamados linacs), ciclotrões e sincrotrões são alguns dos instrumentos mais complexos e dispendiosos alguma vez construídos [8]. Em geral, o seu objetivo é acelerar partículas carregadas, normalmente electrões, protões e isótopos, bem como partículas subatómicas, a velocidades incrivelmente elevadas. As partículas são utilizadas para tratar tumores ou cancros no interior de doentes, colidir com amostras de materiais (ou feixes que viajam na direção oposta a velocidades semelhantes para reacções de energia ainda mais elevada) para determinar a composição do material com base nas reacções e na dispersão de partículas após o impacto, para criar isótopos que serão utilizados para fins médicos ou industriais e para gerar raios X fortes e outras formas de luz utilizadas na ciência dos materiais e na biologia. Os aceleradores são também utilizados para aumentar a velocidade das partículas, de modo a que possam ser injectadas noutros aceleradores e levadas a velocidades e energias cinéticas mais elevadas.

Como o seu nome sugere, os linacs aceleram partículas em linha reta. As partículas, que são normalmente electrões, protões e iões, viajam numa câmara de vácuo em forma de tubo. Os eléctrodos no interior do tubo estão espaçados de modo a que uma frequência de rádio motriz possa ser programada para os energizar quando as partículas se encontram no intervalo entre eléctrodos, acelerando-as assim à medida que viajam de um intervalo para outro. Nos linacs de alta potência, cada elétrodo tem a sua própria fonte de RF [9].

O primeiro linac foi construído em 1928, e podem ser tão pequenos como um tubo de raios catódicos (uma forma de linac) ou tão grandes como o Acelerador Linear de Stanford (SLAC), que chegou a medir 3 km de comprimento e podia acelerar os electrões até uma velocidade em que estes tinham uma energia cinética de 50 mil milhões de eV. (Por definição, um eV é igual à quantidade de energia ganha ou perdida pela carga de um eletrão que se move através de uma diferença de potencial elétrico de um volt.

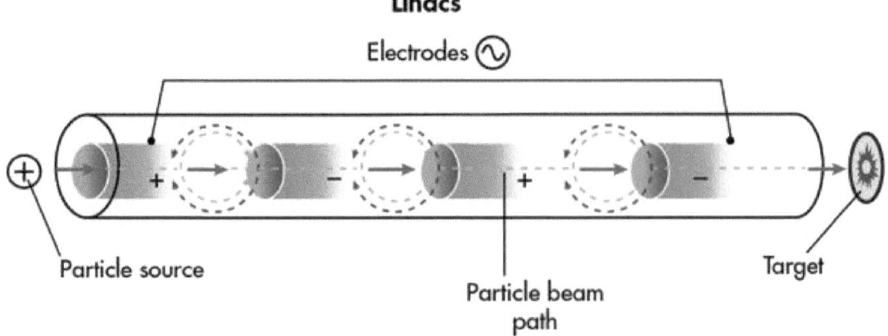

Os linacs podem acelerar iões pesados a velocidades que não são possíveis com aceleradores do tipo anel (ciclotrões e sincrotrões), porque são limitados pela força dos campos magnéticos necessários para manter os iões na sua trajetória curva. Os linacs são também melhores para enviar electrões a velocidades relativistas, porque os electrões perdem energia (e velocidade) através da radiação quando viajam ao longo de um arco. Mas os linacs requerem uma grande quantidade de espaço, o que torna a sua construção dispendiosa [10].

O acelerador linear de Stanford (SLAC) media 3,5 quilómetros de comprimento quando foi posto a concurso pela primeira vez em 1962, o que faz dele o linac mais longo alguma vez construído. Tem sido utilizado para explorar partículas subatómicas e os investigadores utilizaram-no para descobrir o quark charme (1976), a estrutura dos quarks no interior dos protões e neutrões (1990) e o leptão tau (1995), três descobertas que deram origem a três Prémios Nobel da Física.

6.2.1. Acelerador Linear (LINAC)

O acelerador linear é um dispositivo para acelerar partículas carregadas (electrões ou protões) a altas energias (ver 16-19/Aceleradores). É utilizado nos hospitais desde a década de 1970. Em medicina, o LINAC é utilizado sob duas formas [11]:

- aceleração de electrões a altas energias, que colidem com um alvo de metal pesado para produzir raios X de alta energia.
- utilizando protões como partículas aceleradas e utilizando-os para colidir diretamente com o corpo do paciente

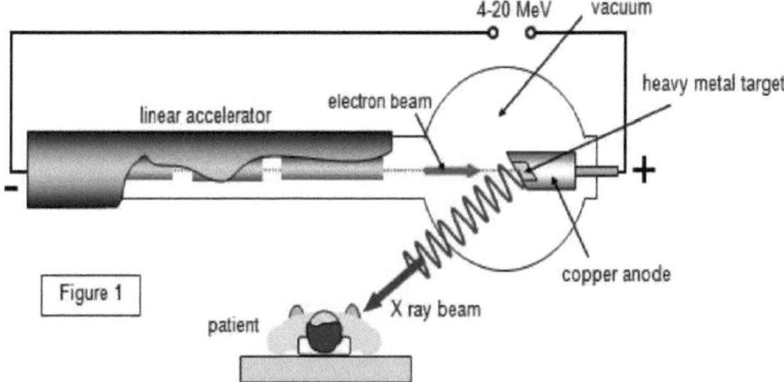

6.8.1.1. Vantagens dos raios X de muito alta energia produzidos com o Linac

- A fonte de radiação é mais pequena do que a fonte radioactiva de cobalto 60, pelo que proporciona imagens mais nítidas
- Há menos efeitos na pele
- Por conseguinte, é menos doloroso para o doente
- O grande poder de penetração dos raios X de alta energia permite o tratamento de tumores profundos

6.9. Aceleradores lineares que utilizam protões:

São também utilizados protões com energias até 250 MeV. A radiação produzida é muito penetrante e, uma vez que produzem um feixe fino de partículas, podem ser utilizados para tratar áreas muito pequenas do corpo. A alteração da tensão de aceleração permite tratar diferentes profundidades - por exemplo, os protões de 200 MeV têm um alcance de 27 cm nos tecidos, enquanto um feixe de energia de 140 MeV só atingirá uma profundidade de 15 cm [12].

6.10. Ciclotrões

Ao contrário dos linacs, os ciclotrões aceleram as partículas ao longo de uma trajetória em espiral para o exterior e são mantidos nessa trajetória por um campo eletromagnético estático perpendicular à trajetória em espiral. As partículas carregadas são injectadas no centro do ciclotrão para uma câmara de vácuo entre dois eléctrodos metálicos ocos em forma de D (chamados "dees"). Uma tensão de RF alternada de vários milhares de volts é aplicada a um dee e depois ao outro. O tempo da tensão de RF é comutado entre os dees, acelerando as partículas e aumentando o diâmetro da sua trajetória circular a cada revolução, transformando-a numa espiral [13].

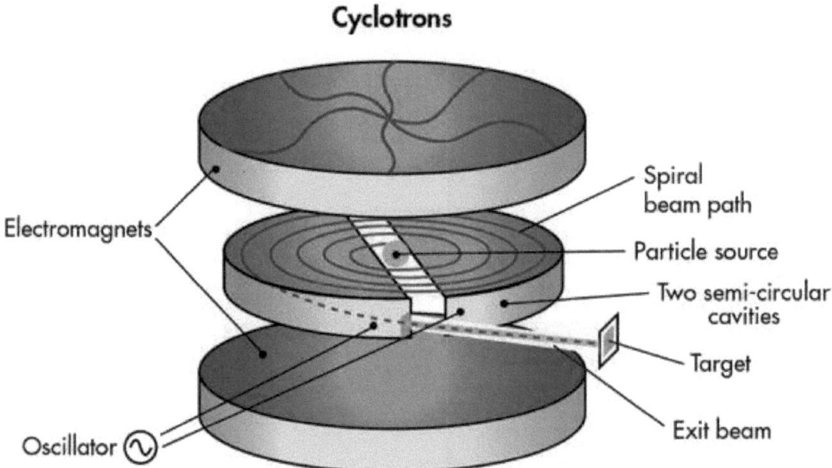

Quando as partículas atingem a borda dos dees, deixam-nos através de uma pequena fenda e são guiadas para um alvo. Ao atingirem o alvo podem criar reacções nucleares, e as partículas dessa reação podem ser guiadas para vários instrumentos para análise.

Durante várias décadas após a construção dos primeiros, a partir de 1934, os ciclotrões foram a melhor fonte de feixes de partículas de alta energia úteis para a física nuclear. Foram inventados por Ernest Lawrence, que ganhou um Prémio Nobel da Física pelo seu trabalho. Os feixes que produzem são adequados para a produção de isótopos utilizados em medicina nuclear. Existem 1.200 ciclotrões em todo o mundo que são utilizados para criar radionuclídeos para fins médicos. Os feixes de ciclotrões são também utilizados para penetrar no corpo dos doentes para matar tumores com o mínimo de danos para a pessoa. Os feixes são também utilizados na imagiologia PET [14].

O maior ciclotrão alguma vez construído foi uma versão de 184 polegadas de diâmetro, que competiu em 1946 na Universidade da Califórnia em Berkeley; acelerava protões até 730 MeV.

Trabalhadores e projectistas estão no topo do ciclotrão TRIUMF (Tri-University Meson Facility) inacabado da Universidade da Colúmbia Britânica, no Canadá. O ciclotrão mede 56 pés de diâmetro e utiliza vários ímanes para manter as partículas de iões no seu percurso em espiral. Pode criar protões de 500 MeV. Também pode acelerar os protões até três quartos da velocidade da luz em 0,3 mseg.

6.10.1. O Princípio do Ciclotrão

O conjunto do acelerador do GANIL é composto por vários ciclotrões cujos ímanes mantêm os iões numa trajetória circular. Após várias pequenas acelerações eléctricas, os iões atingem um terço da velocidade da luz, ou seja, cerca de 100 000 km/segundo. À medida que as partículas aceleram, descrevem círculos cada vez maiores através do campo magnético do ciclotrão. As partículas deslocam-se então num círculo com um raio máximo de 3 m e completam entre 100 e 500 rotações antes de atingirem a sua velocidade máxima [15].

Os dois ciclotrões de sectores separados do GANIL são constituídos por **quatro ímanes**, cada um pesando cerca de 400 toneladas e gerando um **campo magnético** de até 4 Tesla. Estão interligados por duas cavidades de aceleração. *A* diferença de tamanho incomensurável entre estes núcleos atómicos e as 2000 toneladas de cada um dos dois ciclotrões em que são acelerados é impressionante.

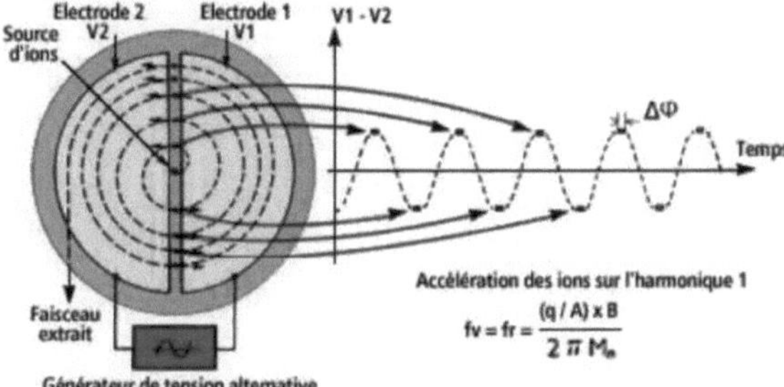

Embora o feixe mais forte do GANIL gere trinta mil milhões de partículas por segundo, uma experiência demora **vários dias** a produzir alguns **milhões de colisões**, incluindo aquelas que podem fornecer novas informações. Quando os aceleradores estão a ser utilizados, **são aplicadas regras rigorosas de segurança e de proteção contra as radiações**. Uma equipa de engenheiros e operadores monitoriza continuamente o acelerador a partir da sua sala de controlo [16].

6.11. Sincrotrões

Os sincrotrões, tal como os ciclotrões, são aceleradores cíclicos e enviam partículas num percurso em circuito fechado, aumentando a sua velocidade a cada volta. Mas, ao contrário dos ciclotrões, o ciclo do sincrotrão não é uma espiral. De facto, uma vez que as várias tarefas que um sincrotrão deve realizar - focar, dobrar e acelerar as partículas num feixe dentro de um tubo de vácuo - podem ser realizadas por diferentes montagens e em diferentes momentos, a trajetória pode ser um círculo, uma oval ou um polígono com cantos arredondados [17].

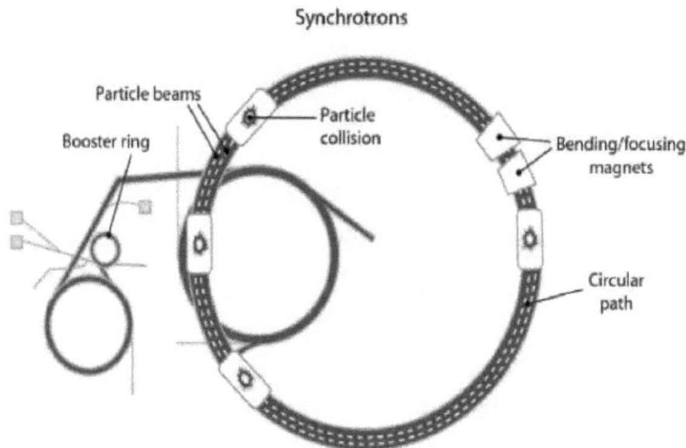

A tarefa de acelerar o feixe é efectuada por cavidades de radiofrequência espaçadas à volta do circuito. Um gerador de energia de radiofrequência fornece um campo eletromagnético à cavidade especialmente moldada e modelada que converte a energia da FER em ondas electromagnéticas que se tornam ressonantes e se acumulam no interior da cavidade. Quando as partículas de carga entram na cavidade, a força e a direção do campo eletromagnético resultante acelera-as ao longo do circuito [18].

Uma das desvantagens dos sincrotrões é que não podem acelerar protões ou outras partículas a partir do estado de repouso; estas têm de estar já em movimento, uma tarefa que é realizada por outro acelerador. Por exemplo, o Grande Colisor de Hádrons (LHC), o maior sincrotrão do mundo, com uma circunferência de 17 milhas, recebe partículas já a 450 GeV, envia-as à volta do percurso de 17 milhas 14 milhões de vezes em 20 minutos e, depois, os investigadores têm um feixe de 6,5 TeV.

Com as partículas sempre à volta do acelerador, os investigadores podem enviar feixes uns contra os outros repetidamente, criando um grande número de colisões, eventos que podem potencialmente revelar os blocos de construção do universo. Em experiências, o LHC atingiu 400 milhões de colisões por segundo, o que gera muitos dados para estudar. Embora o LHC funcione principalmente com feixes de protões, também pode acelerar núcleos pesados como o chumbo. E outros sincrotrões são concebidos para trabalhar com uma variedade de partículas diferentes, incluindo iões de urânio e ouro.

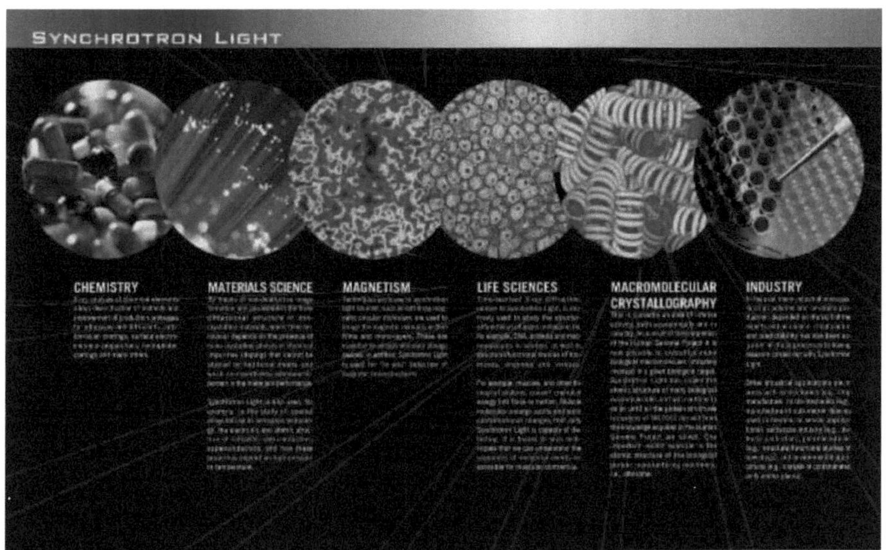

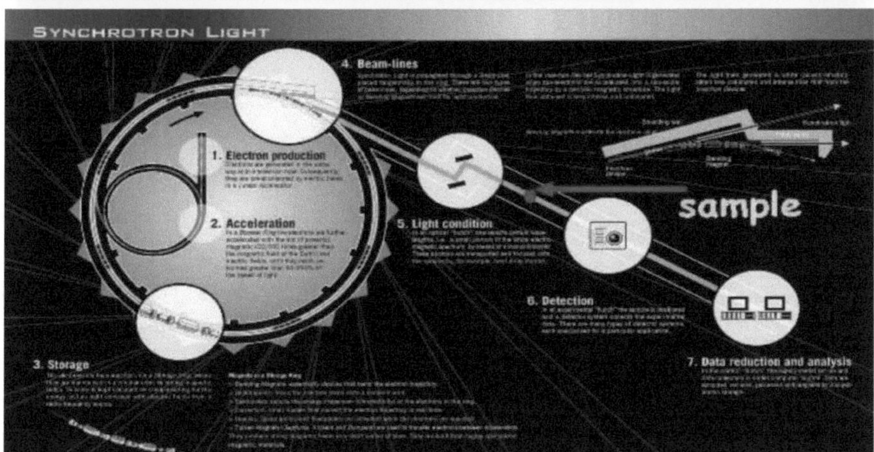

6.11.1. Teoria de funcionamento

Os electrões emitidos por um canhão de electrões são primeiro acelerados num **acelerador linear (linac)** e depois transmitidos para um **acelerador circular (sincrotrão de reforço)** onde são acelerados até atingirem um nível de energia elevado. Estes electrões de alta energia são depois injectados num **anel** circular **de armazenamento** onde circulam num ambiente de vácuo, a uma energia constante, durante muitas horas.

Os electrões são acelerados e desviados no anel de armazenamento por diferentes componentes magnéticos:

- **Ímanes de flexão**: permitem desviar os electrões em vários graus. Este desvio resulta numa emissão tangencial de raios X pelos electrões.
- **Os onduladores**: obrigam os electrões a seguir uma trajetória ondulante. Os raios X emitidos por esta ondulação contribuirão para gerar um feixe de luz muito mais intenso do que o gerado pelos ímanes de flexão.
- **Ímanes de focalização**: permitem manter o feixe de electrões pequeno e bem definido. Quanto mais

pequeno e bem definido for o feixe de electrões, mais brilhantes serão os raios X. Estes ímanes são colocados nas secções rectas do anel de armazenamento.

Os raios X emitidos pelos electrões são dirigidos para as linhas de luz situadas tangencialmente ao anel de armazenamento na sala experimental. Cada **linha de luz** foi concebida para ser utilizada com uma técnica específica ou para um tipo de investigação específico. As experiências decorrem durante o **dia e a noite**.

6.12. Lista de instalações de radiação sincrotrónica

Esta é uma tabela de sincrotrões e anéis de armazenamento utilizados como fontes de radiação sincrotrónica e lasers de electrões livres [18].

Nome da instalação	País	Energia (GeV)	Circum ferência (m)	Comissionado para estudos radiação	Decomposição dessionado
Fonte Nacional de Luz Sincrotrónica (NSLS-II)	EUA	3	792	2015	
Sincrotrão de Birmingham	REINO UNIDO	1	-	1953	
Cosmotron	EUA	3	72	1953	1968
Bevatron	EUA	6	114	1954	1993
Sincrofasotrão	Rússia	10	180	1957	2005
Nimrod	REINO UNIDO	7		1957	1978
Sincrotrão de protões	Suíça	28	628.3	1959	
Sincrotrão de gradiente alternado (AGS)	EUA	33	800	1960	
SURF (ULTRAVIOLETA SINCROTRÃO	EUA	0.18	-	1961	-
INSTALAÇÃO DE RADIAÇÃO) Sincrotrão					
Anel de armazenamento SURF II, Instalação de Radiação Ultravioleta Sincrotrónica	EUA	0.25	-	1974	-
Instalação de Radiação Ultravioleta Sincrotrónica SURF III	EUA	0.416	5.27	2000	-
Colaboração na Radiação Sincrotrónica de Frascati: Istitut Curie (Paris) e Istituto Superiore di Sanità ISS (Roma)	Itália	1	12	1963	1970
INS-SOR (Instituto de Estudos Nucleares - Radiação Orbital de Sincrotrão)	Japão	0.75	-	1965	
Anel de armazenamento do INS-SOR (Instituto de Estudos Nucleares - Radiação Orbital Sincrotrónica)	Japão	0.3	-	1974	
DESY (Sincrotrão Alemão de Elektrões)	Alemanha	7.4	-	1967	1987
DORIS (Doppel-Ring- Speicher)	Alemanha	3,5 (5 em 1978)	289	1974	1993
DORIS III	Alemanha	5	289	1993	2012
PETRA II	Alemanha	12	2304	1995	2007
PETRA III	Alemanha	6.0	2304	2009	
Síncrotron U-70	Rússia	70		1967	
Tantalus no Centro de Radiação Sincrotrónica	EUA	0.24	9.38	1968	1987
Centro de Radiação Sincrotrónica (SRC)	EUA	1	121	1987	2014
Instalação de Radiação Sincrotrónica Frascati "Solidi Roma", colaboração da Univ. de Roma, ISS, INFN, Univ. de L'Aquila e Univ. de Camerino	Itália	1	12	1972	1975
Fonte de luz de radiação sincrotrónica de Stanford (SSRL)	EUA	3	234	1973	
ACO (Centro de Colisões de Orsay)	França	0.54	-	1973	1988
Fonte de Sincrotrão de Alta Energia de Cornell (CHESS)	EUA	5.5	768	1979	
PULS (Progetto Utilizzazione Luce di	Itália	1.5	33.5	1980	1993

Sincrotrone) do Consiglio Nazionale delle Ricerche (CNR) e INFN					
Fonte de radiação sincrotrónica	REINO UNIDO	2	96	1981	2008
Anel de armazenamento DCI - LURE (Laboratoire pour l'Utilisation du Rayonnement Electromagnétique)	França	1	-	1981	2006
Fonte Nacional de Luz Síncrotron (NSLS)	EUA	2.8	170	1982	2014
Fábrica de Fotões (PF) na KEK	Japão	2.5	187	1982	
Tevatrão	EUA	1000	6300	1983	2011
ISIS	REINO UNIDO	0.8	163	1985	
Super ACO-Laboratório para a Utilização do Raio Eletromagnético (LURE)	França	0.8	-	1987	2006
Grande Eletrão-Positrão Colisor (LEP)	Suíça	209	26659	1989	2000
ASTRID	Dinamarca	0.58	40	1991	
Laboratório Nacional de Radiação Sincrotrónica (NSRL)	China	-	-	1991	
Instalação de Radiação Sincrotrónica de Pequim (BSRF)	China	2.5	-	1991	
Sincrotrão Europeu Instalação de Radiação (ESRF)	França	6	844	1992	
Fonte de Luz Avançada (ALS)	EUA	1.9	196.8	1993	
ELETTRA	Itália	2-2.4	260	1993	
Fonte Avançada de Fotões (APS)	EUA	7.0	1104	1995	
Fonte de Radiação Sincrotrónica de Kurchatov (SIBIR-1, SIBIR-2)	Rússia	2.5	124	1999	
LNLS	Brasil	1.37	93.2	1997	
Anel-8	Japão	8	1436	1997	
MAX-I	Suécia	0.55	30	1986	2015
MAX-II	Suécia	1.5	90	1997	2015
MAX-III	Suécia	0.7	36	2008	2015
Anel de Armazenamento MAX IV 1,5 GeV	Suécia	1.5	96	2016	
Anel de Armazenamento MAX IV 3 GeV	Suécia	3	528	2016	
BESSY II	Alemanha	1.7	240	1998	
Indus 1	Índia	0.45	18.96	1999	
Luz DAFNE	Itália	0.51	32	1999	
ANKA	Alemanha	2.5	110.4	2000	
Fonte de luz suíça	Suíça	2.8	288	2001	
Fonte de luz canadiana	Canadá	2.9	147	2004	
Instituto de Investigação da Luz Síncrotron (SLRI)	Tailândia	1.2	81.4	2004	
Indus 2	Índia	2.5	173	2005	
Sincrotrão australiano	Austrália	3	216	2006	
SOLEIL	França	3	354	2006	
Fonte de luz de diamante	REINO UNIDO	3	561.6	2006	
Instalação de Radiação Sincrotrónica de Xangai (SSRF)	China	3.5	432	2007	
Fonte de luz de Taiwan	Taiwan	1.5	120	1993	
Fonte de fotões de Taiwan	Taiwan	3	518.4	2015	
Grande Colisor de Hádrons (LHC)	Suíça	7000	26659	2008	
MLS	Alemanha	0.6	48	2008	
Colisor Eletrão-Positrão II de Pequim (BEPC II)	China	3.7	240	2008	
ALBA	Espanha	3	270	2010	
Sirius	Brasil	3	518.2	Em construção	
Luz sincrotrónica para ciências experimentais e aplicações no Médio Oriente (SESAME)	Jordânia	2.5	133	2016	
ILSF	Irão	3	300	Em projeto	

ASTRID 2	Dinamarca	-	-	planeamento
Centro de Microestruturas e Dispositivos Avançados (CAMD)	EUA	1.5	-	-
Laboratório do Acelerador de Pohang	Coreia do Sul	-	-	-
VELA	Arménia	-	-	proposto
Centro de Laser Infravermelho de Orsay (CLIO)	França	-	-	2005
DELTA	Alemanha	1.5	115.2	-
Centro de Radiação Sincrotrónica de Hiroshima (HSRC)	Japão	0.7	22	1997
Instituto de Electrões Livres Laser (iFEL)	Japão	-	-	-
Centro de Investigação IR FEL (FEL-SUT)	Japão	-	-	-
Instalação Médica de Radiação Sincrotrónica	Japão	-	-	-
Instalação de Radiação de Pequenos Sincrotrões da Universidade de Nagoya (NSSR)	Japão	-	-	-
Instituto de Investigação em Fotónica	Japão	-	-	-
Fonte de luz Saga (SAGA-LS)	Japão	-	-	-
Instalação Orbital de Radiação Sincrotrónica Ultravioleta (UVSOR)	Japão	-	-	-
Fonte de luz VSX	Japão	-	-	-
Free Electron Laser for Infrared eXperiments (FELIX), FOM-Instituto de Física de Plasmas	Países Baixos	-	-	-
Eletrão de Dubna Sincrotrão (DELSY)	Rússia	-	-	-
Sincrotrão da Sibéria Centro de Radiação (SSRC)	Rússia	-	-	-
Instituto TNK F.V Lukin	Rússia	-	-	-
Fonte de luz sincrotrónica de Singapura (SSLS)	Singapura	0.7	10.8	2000
Solaris	Polónia	1.5	96	2016

6.13. Vantagens da luz sincrotrónica

6.13.1. Batman ilumina o caminho para o armazenamento de dados compacto

Os investigadores do Instituto Paul Scherrer (PSI) conseguiram comutar minúsculas estruturas magnéticas utilizando luz laser e seguir as alterações ao longo do tempo [19]. No processo, surgiu uma área de dimensão nanométrica que faz lembrar bizarramente o logótipo do Batman. Os resultados da investigação poderão tornar o armazenamento de dados em discos rígidos mais rápido, mais compacto e mais eficiente.

6.13.2. Sincronia de batimentos entre células iPS implantadas e o coração hospedeiro confirmada a nível molecular

A regeneração do músculo cardíaco com células iPS é considerada como a terapia cardíaca de próxima geração. Para isso, é necessária a avaliação dos efeitos da terapia [20]. Nesta investigação, os cientistas demonstraram, numa experiência animal com uma técnica de nano-difração de raios X altamente avançada, que as proteínas contrácteis nas células derivadas de células iPS transplantadas funcionam em sincronia com as células musculares cardíacas do coração hospedeiro.

6.13.3. Pilhas compactas reforçadas por formações espontâneas de matrizes de prata

Numa promissora bateria à base de lítio, a formação de uma matriz de prata altamente condutora transforma um material que, de outro modo, seria afetado por uma baixa condutividade [21]. Para otimizar estas baterias multi-metálicas - e aumentar o fluxo de eletricidade - os cientistas precisavam de uma forma de ver onde, quando e como surgem estas "pontes" de prata em nanoescala.

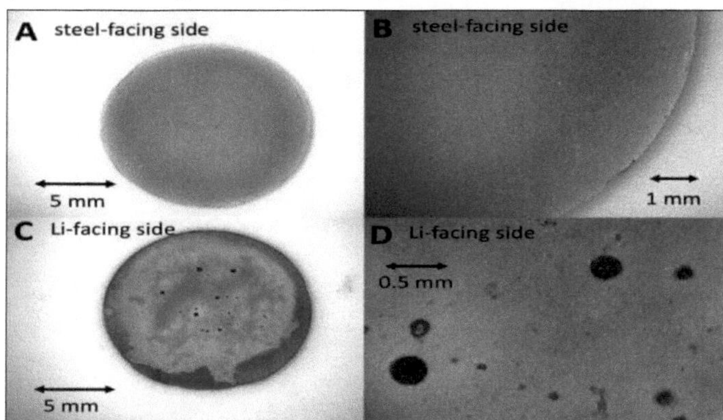

6.13.4. Atalho para os retratos proteicos

Todos os organismos vivos, desde as bactérias aos seres humanos, dependem das proteínas para desempenharem as suas funções vitais. A forma como estas proteínas realizam as suas tarefas depende da sua estrutura [22]. Investigadores do Instituto Paul Scherrer criaram um novo método para determinar a estrutura cristalina das proteínas utilizando luz de raios X, o que poderá também acelerar o desenvolvimento de novos medicamentos no futuro. O estudo será publicado na revista *Nature Methods* em 15 de dezembro.

6.13.5. Gaiolas de nitrogénio para armazenar hidrogénio

Grupos de investigação do CEA e do CNRS, bem como os sincrotrões SOLEIL e ESRF, estudaram compostos formados pela compressão de misturas N2-H2 [23]. Uma destas misturas, em particular, com a fórmula $(N_2)_6(H_2)_7$, criou uma estrutura única em que gaiolas de azoto envolvem moléculas de hidrogénio. Aplicando uma pressão muito elevada (superior a 50 GPa), seguida de descompressão, foi possível gerar amoníaco NH3 e hidrazina N_2H_4.

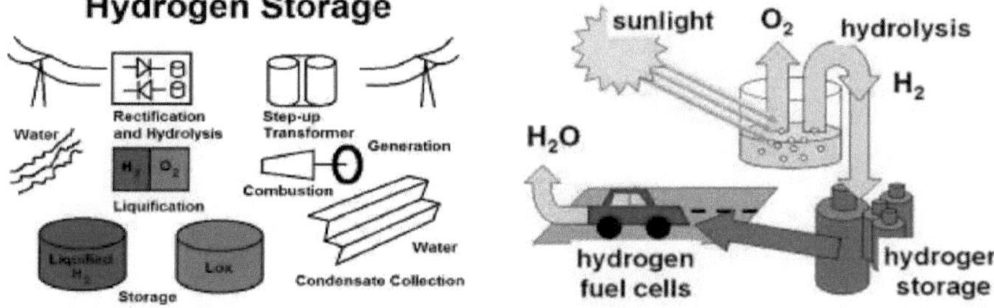

6.13.6. A Synchrotron anuncia a primeira remessa de isótopos médicos

Os cientistas da Canadian Light Source anunciaram a primeira remessa de isótopos médicos produzidos no seu acelerador linear dedicado [24].

6.13.7. Uma forma gordurosa de tirar melhores fotografias de proteínas

Graças à investigação realizada na instalação de laser de electrões livres de raios X SACLA da RIKEN, no Japão, o sonho de analisar a estrutura de proteínas grandes e difíceis de cristalizar e de outras biomoléculas aproximou-se um pouco mais da realidade [25].

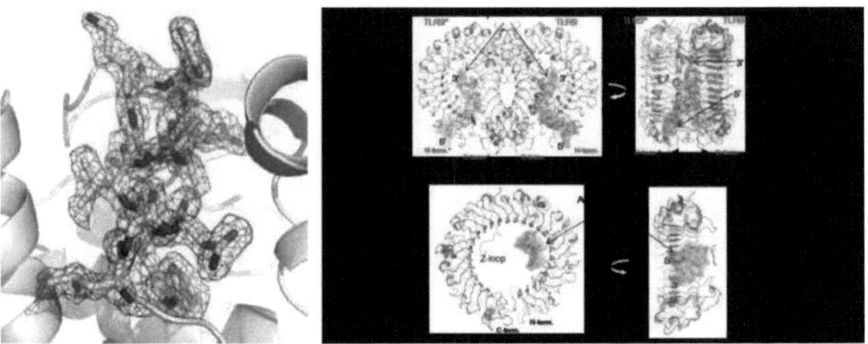

6.13.8. A investigação abre caminho para catalisadores feitos à medida

Um grupo de investigadores, liderado pela Universidade UPC, descobriu que os átomos reagem de forma diferente consoante as características do catalisador utilizado [26]. Parte deste estudo, que foi publicado hoje na Science, foi realizado na estação terminal NAPP da linha de luz CIRCE do Sincrotrão ALBA.

6.13.9. Desenvolvendo a bateria do futuro

A procura da próxima geração de baterias levou os investigadores do sincrotrão Canadian Light Source a experimentar novos métodos e materiais que poderão levar ao desenvolvimento de fontes de energia mais seguras, mais baratas, mais potentes e mais duradouras, a utilizar em quase tudo, desde veículos a telefones [27].

6.13.10. Estudo revela a razão pela qual as pilhas se estragam

Uma análise exaustiva do comportamento das partículas minúsculas no elétrodo de uma bateria de iões de lítio mostra que o carregamento rápido da bateria e a sua utilização para trabalhos de alta potência e drenagem rápida podem não ser tão prejudiciais como os investigadores pensavam - e que os benefícios da drenagem e carregamento lentos podem ter sido sobrestimados [28].

6.14. Referências

[1] . www.hyperphysics.com

[2] . http://www-nsd.lbl.gov/

[3] . http://universe-review.ca/

[4] . http://about-nature.net/synchrotron/

[5] . http://www.facstaff.bucknell.edu/mvigeant/

[6] . http://www.europhysicsnews.com/full/08/article3/

[7] . http://imglib.lbl.gov/cgi-bin/ImgLib

[8] . Chao, A. W.; Mess, K. H.; Tigner, M.; et al., eds. (2013). Handbook of Accelerator Physics and Engineering (2ª ed.). World Scientific.doi:10.1142/8543.

[9] . Veksler, V. I. (1944). CoRendus (Doklady) de l'Académie des Sciences de l'URSS. **43**(8): 346-348.

[10] . J. David Jackson e W.K.H. Panofsky (1996). "EDWIN MATTISON MCMILLAN: uma memória biográfica". Academia Nacional de Ciências.

[11] . Wilson. "Cinquenta anos de sincrotrões" (PDF). CERN. Recuperado em2012-01-15.

[12] . Zinovyeva, Larisa. "Sobre a questão da autoria da descoberta da autofase". Recuperado em 2015-06-29.

[13] . Rotblat, Joseph (2000). "Obituário: Mark Oliphant (1901-2000)". Natureza. **407**(6803): 468. doi:10.1038/35035202. PMID 11028988.

[14] . Courant, E. D.; Livingston, M. S.; Snyder, H. S. (1952). "O síncrotron de foco forte - um novo acelerador de alta energia". Physical Review. **88** (5): 1190 1196. Bibcode:1952PhRv...88.1190C. doi:10.1103/PhysRev.88.1190.

[15] . Blewett, J. P. (1952). "Focalização Radial no Acelerador Linear". Physical Review **88** (5): 1197-1199. Bibcode:1952PhRv...88.1197B.doi:10.1103/PhysRev.88.1197.

[16] . Patente US 2736799, Nicholas Christofilos, "Focussing System for Ions and Electrons", emitida em 1956-02-28

[17] . http://synchrotronsbasic.net

[18] . Robinson, Arthur L. "HISTÓRIA DA RADIAÇÃO SINCROTRÓNICA". Caderno de dados de raios X. Centro de Ótica de Raios X e Fonte de Luz Avançada, Laboratório Nacional Lawrence Berkeley. Recuperado em 1 de maio de 2015.

[19] . Batman ilumina o caminho para o armazenamento compacto de dados | Paul Scherrer Institut ... https://www.psi.ch/media/batman-lights-the-way-to-compact-data-storage.

[20] . Sincronia de batimentos entre células iPS implantadas e o coração do hospedeiro ... www.spring8.orj p/en/news_publications/press_release/2015/150123/.

[21] . Baterias compactas reforçadas por formações espontâneas de matrizes de prata https://phys.org > Nanotecnologia > Nanomateriais.

[22] . Atalho para Retratos de Proteínas | Fontes de Luz

www.lightsources.org/benefits-society/shortcut-protein-portraits.

[23] . Gaiolas de nitrogénio para armazenar hidrogénio | Lightsources

www.lightsources.org/benefits-society/nitrogen-cages-store-hydrogen.

[24] . Síncrotron anuncia primeira remessa de isótopos médicos - Phys.org https://phys.org ' Física ' Física Geral.

[25] . Uma forma gordurosa de tirar melhores fotografias de proteínas - Phys.org https://phys.org ' Química ' Ciência dos Materiais.

[26] . Pesquisa abre caminho para catalisadores feitos sob medida | Lightsources

www.lightsources.org/benefits-society/research-paves-way-custom-made-catalysts.

[27] . O desenvolvimento e o futuro das baterias de iões de lítio jes.ecsdl.org/ content/164/1/A5019.full.

[28] . Estudo esclarece a razão pela qual as pilhas se estragam: Carregamento rápido e ...

https://www.reddit.com/r/science/.../study_sheds_new_light_on_why_batteries_go_bad/

Chapter (7)

Conclusões

A radiação sincrotrónica é a radiação electromagnética emitida quando as partículas carregadas são aceleradas radialmente, isto é, quando são sujeitas a uma aceleração perpendicular à sua velocidade (alv). É produzida, por exemplo, em sincrotrões que utilizam ímanes de flexão, onduladores e/ou wigglers. Se a partícula for não relativista, a emissão é designada por emissão de ciclotrão. Se, pelo contrário, as partículas forem relativistas, por vezes designadas por ultra-relativistas, a emissão é designada por emissão sincrotrónica. A radiação sincrotrónica pode ser obtida artificialmente em sincrotrões ou anéis de armazenamento, ou naturalmente por electrões rápidos que se deslocam através de campos magnéticos. A radiação produzida desta forma tem uma polarização caraterística e as frequências geradas podem variar ao longo de todo o espetro eletromagnético, o que também é designado por radiação contínua.

Desde a sua descoberta, há 100 anos, os raios X têm seduzido os cientistas com a sua capacidade de ver o interior de objectos sólidos. Durante 80 desses 100 anos, foram também o nosso principal meio de desvendar as posições dos átomos em sólidos cristalizados, desde as estruturas comparativamente simples dos metais e semicondutores até aos arranjos altamente complexos das moléculas biológicas, como as proteínas e o ADN. No entanto, durante as últimas três décadas, o crescimento da radiação sincrotrão, com os seus raios X brilhantes e seleccionáveis em termos de comprimento de onda, alargou significativamente o âmbito da investigação.

Printed by Books on Demand GmbH, Norderstedt / Germany